Abenteuer Weltall

Horst Güntheroth Peter Pursche

Abenteuer Weltall

Von der Himmelsscheibe zur Titansonde

stern buch
Weltbild

Die Kapitel „Von den Geheimnissen des Kosmos“, „Unsere Nachbarn im All“, „Die Wunder des Universums“, „Der große Lauschangriff“ und „Wie die Gestirne den Menschen bewegen“ schrieb Horst Güntheroth.
Die Kapitel „Die Entdeckung des Himmels“ und „Der Griff nach den Sternen“ schrieb Peter Pursche.

Herausgeber: Thomas Osterkorn und Andreas Petzold
Bildredaktion: Beate Magrich
Illustrationen: *stern*-Infografik
Dokumentation, Schlussredaktion: *stern*

Ein Buch der Partner *stern* und Verlagsgruppe Weltbild GmbH
stern-Buch im Verlag
Gruner + Jahr AG & Co.
Am Baumwall 11
20459 Hamburg

Weltbild Buchverlag
–Originalausgaben–

Projektleitung: Gerald Fiebig
Umschlaggestaltung: X-Design, München
Umschlagfoto: NASA/AFP
Reproduktion, Innenlayout und Satz:
Typework Layoutsatz & Grafik GmbH, Augsburg
Druck und Bindung: Neografia s. a., Bratislava

Gedruckt auf chlorfrei gebleichtem Papier

Printed in Slovakia

ISBN 3-89897-244-5

Inhalt

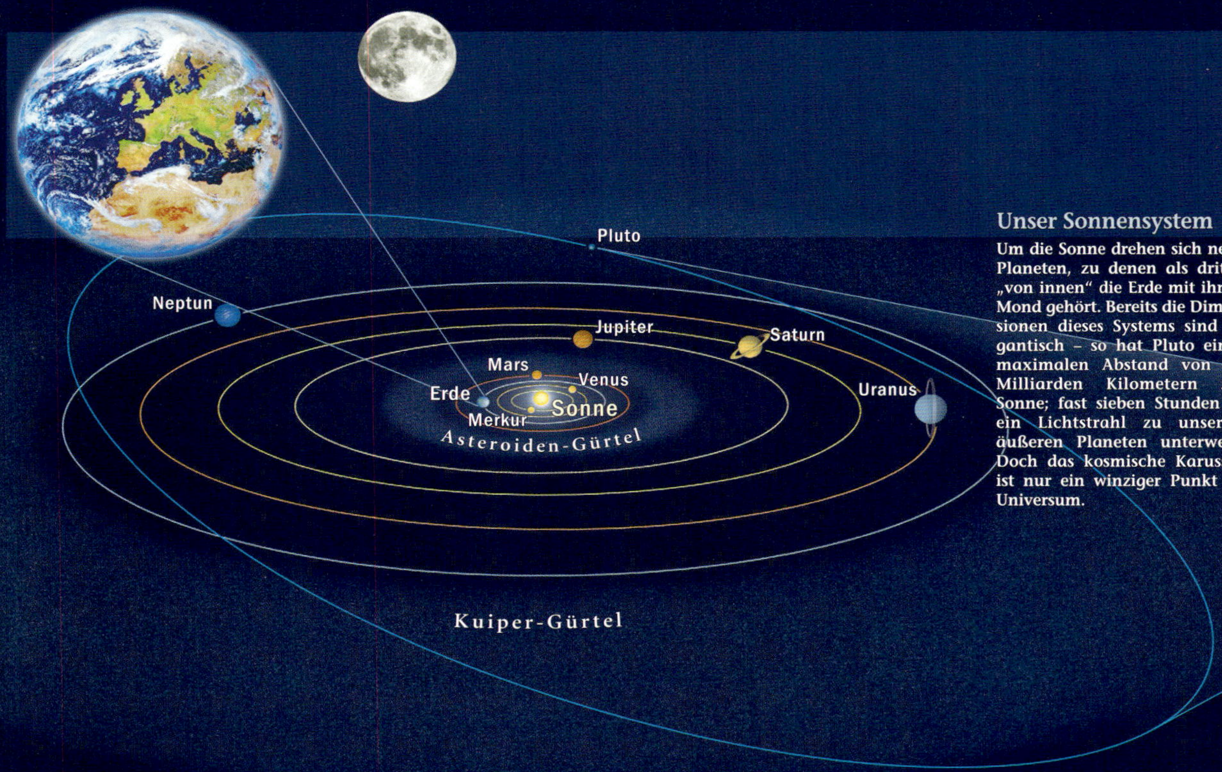

Unser Sonnensystem

Um die Sonne drehen sich neun Planeten, zu denen als dritter „von innen" die Erde mit ihrem Mond gehört. Bereits die Dimensionen dieses Systems sind gigantisch – so hat Pluto einen maximalen Abstand von 7,4 Milliarden Kilometern zur Sonne; fast sieben Stunden ist ein Lichtstrahl zu unserem äußeren Planeten unterwegs. Doch das kosmische Karussell ist nur ein winziger Punkt im Universum.

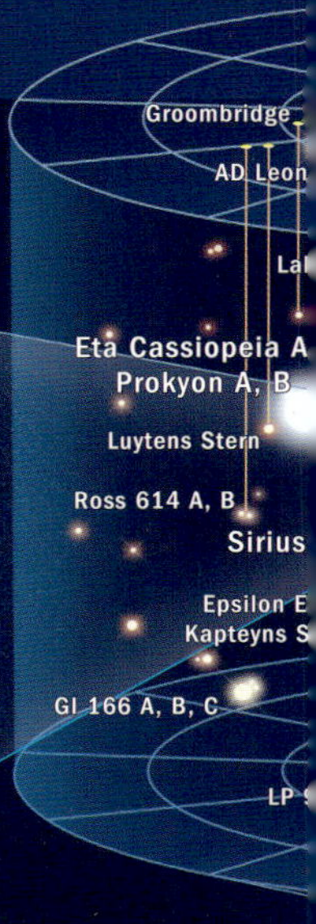

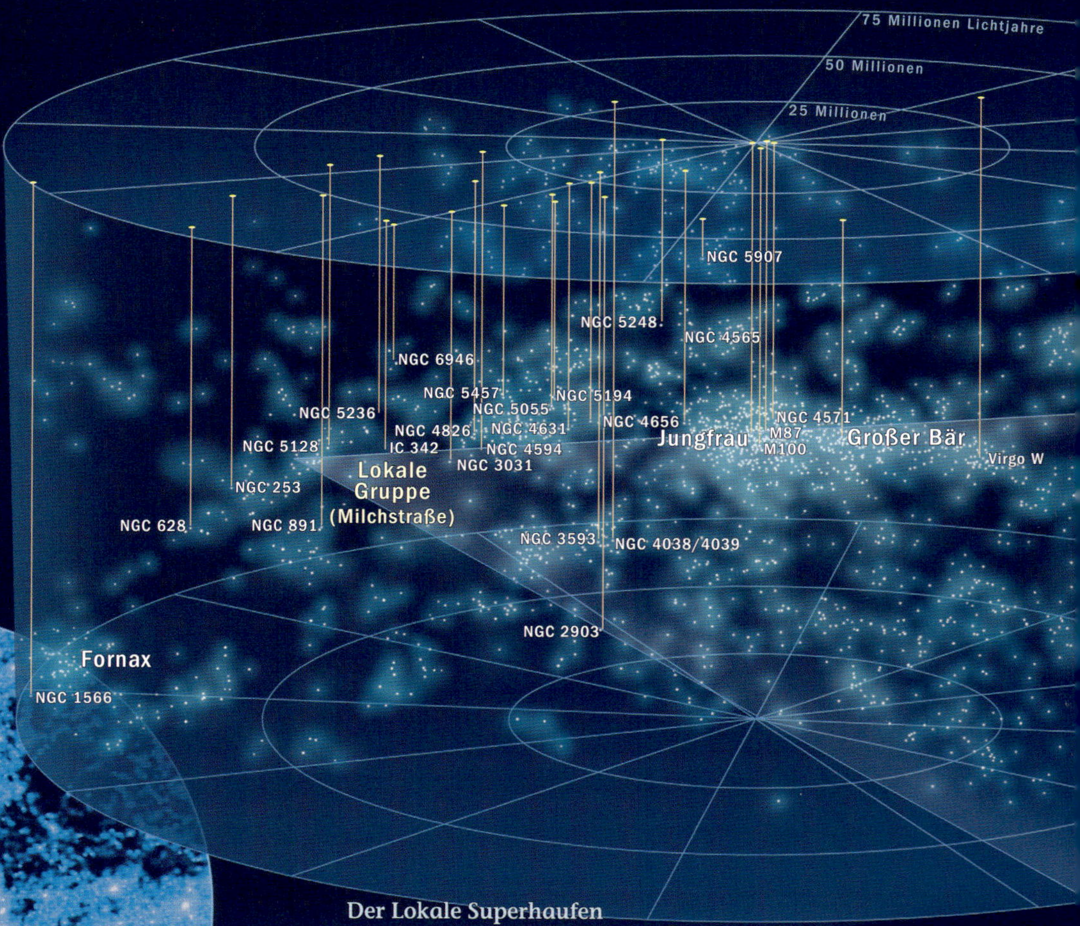

Die Schwammstruktur des Universums

Superhaufen schließen sich, wenn man das Universum in ganz großem Maßstab betrachtet, zu wabenartigen Anordnungen zusammen, einem monströsen Schwamm vergleichbar: große leere Blasen, jeweils um die 150 Millionen Lichtjahre dick, umhüllt von Wänden und Fäden – bestehend aus Superhaufen.

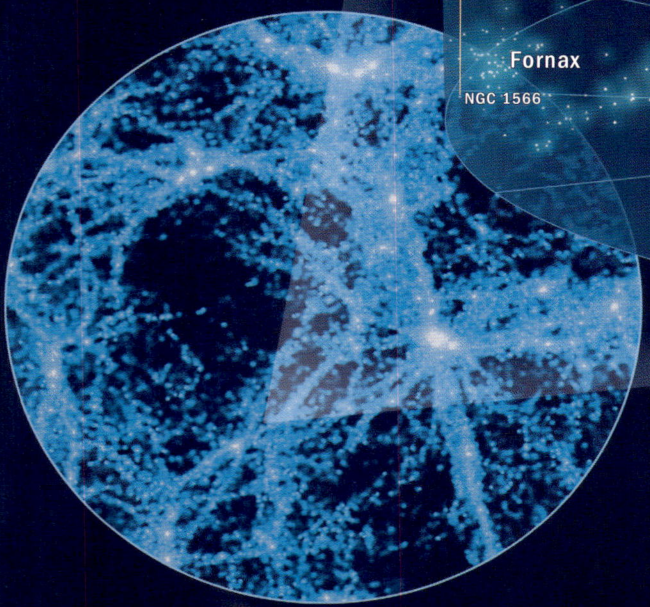

Der Lokale Superhaufen

Unsere Lokale Gruppe gehört zu einem Komplex von Galaxienhaufen, den Astrophysiker den Lokalen Superhaufen nennen. Er hat einen Durchmesser von etwa 150 Millionen Lichtjahren. Auch der Virgo-Haufen und jene Galaxiengruppen, die wir in den Sternbildern Jungfrau oder Großer Bär sehen, gehören dazu. In vielen Superhaufen reicht die Schwerkraft nicht mehr aus, sie zusammenzuhalten. Sie fliegen im Laufe der Zeit durch die Expansionskräfte des Alls auseinander.

Das Universum

Die Sonne ist das Zentralgestirn unseres Planetensystems – und doch nur eine von Abermilliarden Sonnen im Kosmos. Diese Sterne sind nicht gleichmäßig verteilt, sondern ballen sich zu Galaxien und größeren Strukturen. Die Distanzen zwischen den Sternen sind so gigantisch, dass Astronomen sie in Lichtjahren messen. Ein Lichtjahr ist die Entfernung, die ein Lichtstrahl, rund 300 000 Kilometer pro Sekunde schnell, in einem Jahr zurücklegt: 9,46 Billionen Kilometer.

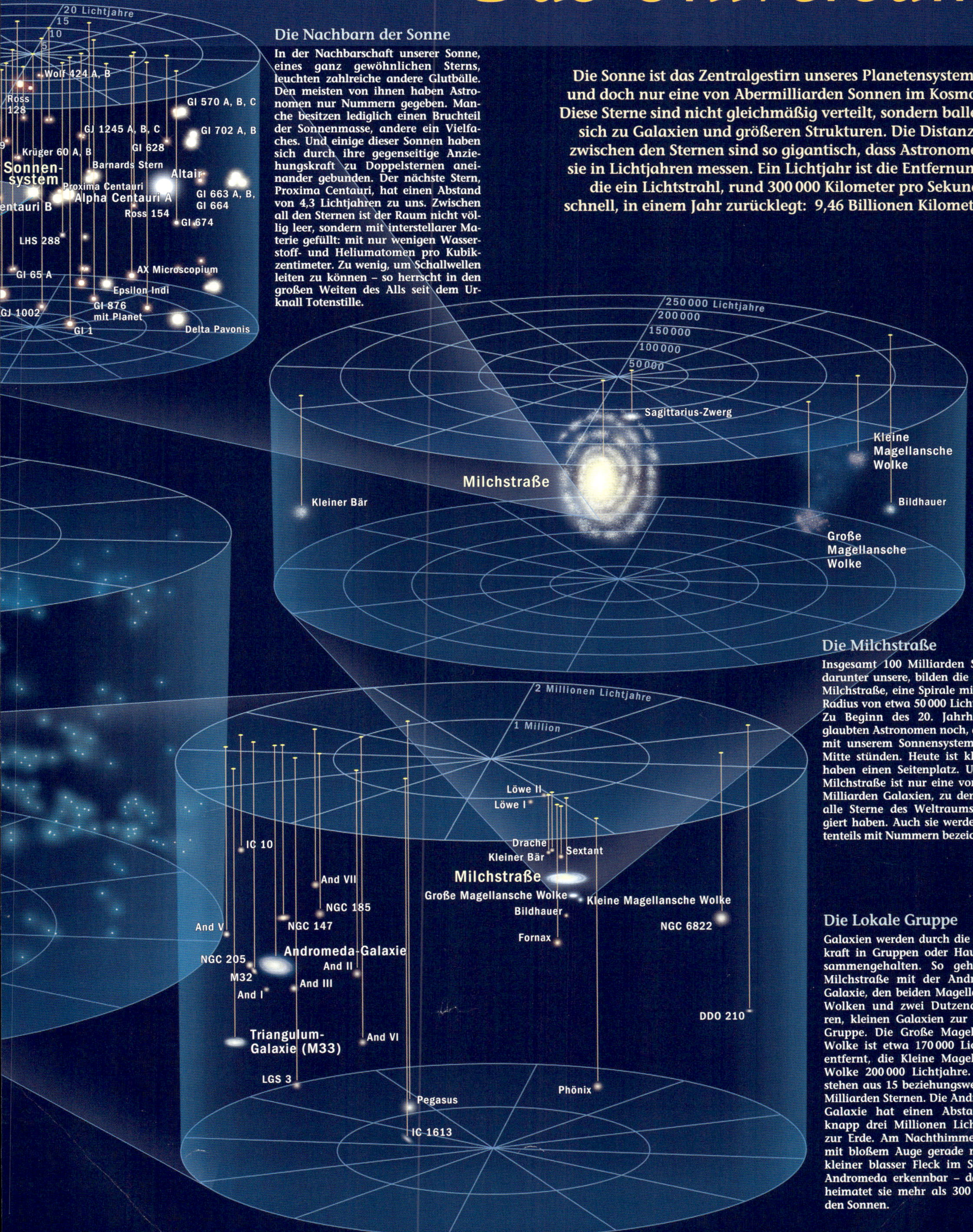

Die Nachbarn der Sonne

In der Nachbarschaft unserer Sonne, eines ganz gewöhnlichen Sterns, leuchten zahlreiche andere Glutbälle. Den meisten von ihnen haben Astronomen nur Nummern gegeben. Manche besitzen lediglich einen Bruchteil der Sonnenmasse, andere ein Vielfaches. Und einige dieser Sonnen haben sich durch ihre gegenseitige Anziehungskraft zu Doppelsternen aneinander gebunden. Der nächste Stern, Proxima Centauri, hat einen Abstand von 4,3 Lichtjahren zu uns. Zwischen all den Sternen ist der Raum nicht völlig leer, sondern mit interstellarer Materie gefüllt: mit nur wenigen Wasserstoff- und Heliumatomen pro Kubikzentimeter. Zu wenig, um Schallwellen leiten zu können – so herrscht in den großen Weiten des Alls seit dem Urknall Totenstille.

Die Milchstraße

Insgesamt 100 Milliarden Sonnen, darunter unsere, bilden die Galaxie Milchstraße, eine Spirale mit einem Radius von etwa 50 000 Lichtjahren. Zu Beginn des 20. Jahrhunderts glaubten Astronomen noch, dass wir mit unserem Sonnensystem in der Mitte stünden. Heute ist klar: Wir haben einen Seitenplatz. Und: Die Milchstraße ist nur eine von vielen Milliarden Galaxien, zu denen sich alle Sterne des Weltraums arrangiert haben. Auch sie werden größtenteils mit Nummern bezeichnet.

Die Lokale Gruppe

Galaxien werden durch die Schwerkraft in Gruppen oder Haufen zusammengehalten. So gehört die Milchstraße mit der Andromeda-Galaxie, den beiden Magellanschen Wolken und zwei Dutzend weiteren, kleinen Galaxien zur Lokalen Gruppe. Die Große Magellansche Wolke ist etwa 170 000 Lichtjahre entfernt, die Kleine Magellansche Wolke 200 000 Lichtjahre. Sie bestehen aus 15 beziehungsweise fünf Milliarden Sternen. Die Andromeda-Galaxie hat einen Abstand von knapp drei Millionen Lichtjahren zur Erde. Am Nachthimmel ist sie mit bloßem Auge gerade noch als kleiner blasser Fleck im Sternbild Andromeda erkennbar – dabei beheimatet sie mehr als 300 Milliarden Sonnen.

Die Milchstraße

Unsere Milchstraße – hier eine Computersimulation – ist eine Versammlung von etwa 100 Milliarden Sternen. Allesamt sind es riesige Glutbälle, in deren Innerem Wasserstoff zu Helium fusioniert und Strahlung erzeugt wird. Die nuklearen Kraftwerke sind geordnet zu einer gigantischen Spirale, etwa 15 000 Lichtjahre dick und 100 000 Lichtjahre im Durchmesser. Begleitet wird sie von zahlreichen Sternenhaufen, die sich zu Kugeln formiert haben. Wie eine überdimensionale fliegende Untertasse treibt die Milchstraße durchs All. Dabei dreht sie sich unablässig. Unsere Sonne sitzt auf einem der äußeren Spiralarme, ihr Umlauf um das Zentrum dauert 230 Millionen Jahre. In diesen Armen, so haben Astrophysiker herausgefunden, bilden sich immer wieder neue Sterne. Im Kernbereich hingegen „siedeln" überwiegend ältere Sonnen, die dort sehr dicht stehen. Im Zentrum selbst konnten Wissenschaftler ein Schwarzes Loch nachweisen – unsichtbar und materieverschlingend.

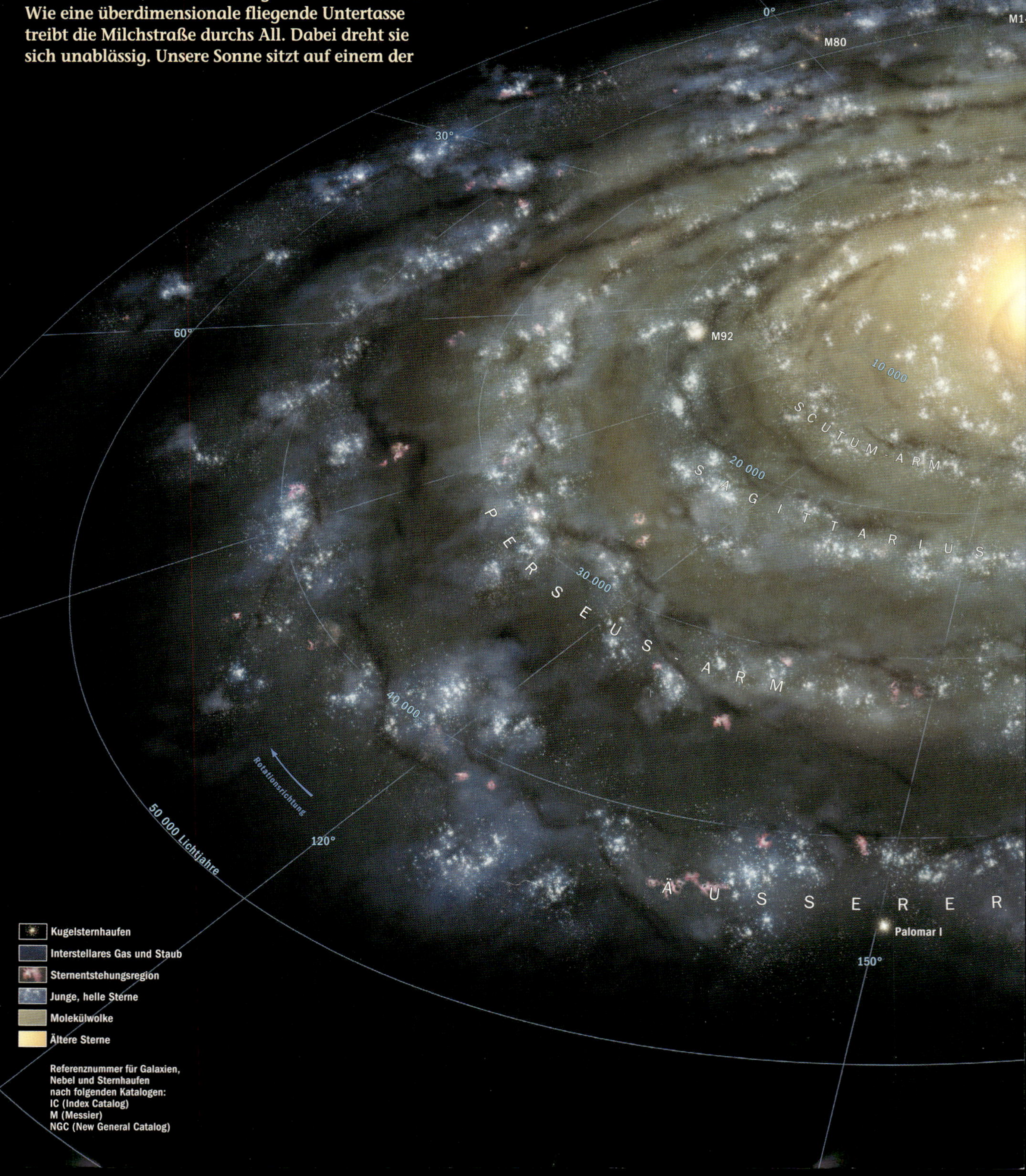

330°
300°
270°
240°
210°
180°
3 KPC-ARM
NORMA-ARM
CRUX-ARM
CARINA-ARM
Omega Centauri
NGC 5139
M71
M4
Kappa-Crucis-Haufen
NGC 4755
Adlernebel M16
NGC 6397
Eta-Carinae-Nebel
NGC 3372
Schlüssellochnebel
NGC 3324
Omeganebel M17
Lagunennebel
M8
denten-Haufen
M11
110
Eulennebel
M97
WIR SIND HIER
Vela
M2-9
M12
Trifidnebel M20
Antares
M7
Dumbbellnebel
M27
Orion-Nebel
M42
Konusnebel
NGC 2264
Katzenaugennebel
NGC 6543
Rosettanebel
NGC 2237
ORION ARM
3 000
Krebsnebel M1
6 000 Lichtjahre
R M

Von den Geheimnissen des Kosmos

Es hat einen Anfang, aber kein Ende. Seit dem Urknall vor 13,5 Milliarden Jahren dehnt sich das All aus, gebiert dabei immer neue Feuerbälle, birgt rätselhafte Energien. Je mehr Forscher über das UNIVERSUM herausfinden, desto mehr versetzen dessen Dynamik und Größe sie in Demut.

Heiße junge Sterne umringen einen leuchtenden Kern: die Galaxie „Hoags Objekt" im Sternbild Schlange. 600 Millionen Jahre hat das Licht von dort bis zur Erde gebraucht. So lange zurück liegt also, was das Teleskop-Foto nun zeigt.

Gleißender Stern im Staub-Kokon

Anfang 2002 fingen Astrophysiker ein überraschendes Bild ein: Am Rande der Milchstraße blitzte ein Himmelskörper auf, den sie bisher nur wenig beachtet hatten – der Stern V 838. Rund 20 000 Jahre liegt das Ereignis zurück; damals strahlte das Objekt für kurze Zeit 600 000-mal so stark wie unsere Sonne. Im März 2004 gelang dem Weltraumteleskop Hubble diese Aufnahme. Sie zeigt das Lichtecho von V 838 sowie eine gigantische Spirale aus Staub und Gas, die der Stern offenbar bei früheren Ausbrüchen abgestoßen hat.

Gruppenbild mit Galaxien

Die Materie ist im Universum nicht gleichmäßig verteilt. Sonnen ballen sich zu Galaxien, Galaxien zu Haufen. Die Aufnahme der Europäischen Südsternwarte in Chile zeigt den Galaxienhaufen ACO 3627. Mit einer Entfernung von 250 Millionen Lichtjahren liegt er relativ nahe bei unserer Milchstraße. Im Zentrum des Haufens sind große, helle Galaxien zu sehen; aber auch die kleineren Lichtpunkte markieren bis auf wenige Ausnahmen nicht einzelne Sterne, sondern ganze Galaxien.

Wirbel im Weltraum

Diese Sternenclique, die Astronomen mit NGC 2997 bezeichnen, leuchtet 55 Millionen Lichtjahre von uns entfernt und besteht aus vielen Milliarden Sonnen. Der Verbund ist eine typische Spiralgalaxie – von ähnlicher Form wie unsere Milchstraße.

Innen flüssig, außen spuckend

Die neun Planeten unseres Sonnensystems werden von weit über 100 Monden umkreist. Die größte Eskorte, genau 61, hält sich Jupiter, zu Recht benannt nach dem Beherrscher der römischen Götterwelt. Zu den Jupitermonden gehört auch Io: Aus seinem brodelnden Innern brechen unablässig Lavaströme hervor – und auch Schwefelfahnen, die wie Schnee wieder herabrieseln und den Trabanten gelblich einfärben.

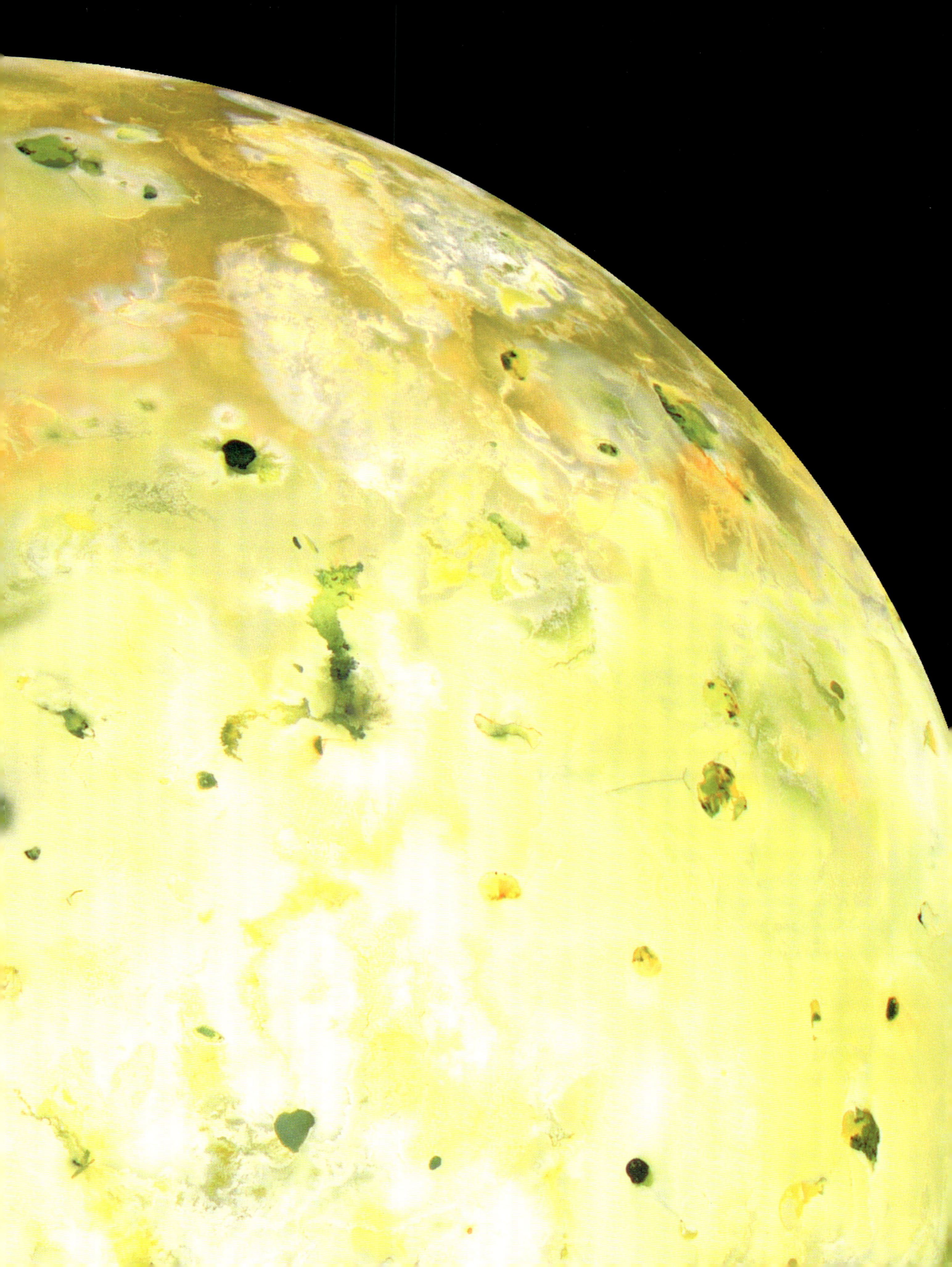

Im Kreißsaal der Sterne

Eine Hubble-Aufnahme aus dem Jahr 2004: Gas- und Staubwolken in der Großen Magellanschen Wolke, 150 000 Lichtjahre von der Erde entfernt. In dieser Region, N 11B genannt, ballt sich regelmäßig Materie, vor allem interstellarer Wasserstoff und Helium, zu riesigen Kugeln zusammen und entzündet sich: Neue Sterne flammen auf.

Die Geburt:
Schwaden aus Materie verdicken sich.

Der Tod:
Wenn aller Wasserstoff verbrannt ist, explodiert der Stern – und hinterlässt eine neue Materiewolke.

Schönste Müllhalde des Universums

Schon mit einem guten Fernglas auszumachen: die Ringe des Saturn. Dicht an dicht liegen sie nebeneinander, reichen über 60 000 Kilometer ins All hinaus – und sind nur 1,5 Kilometer dick. Die makellose Scheibe besteht aus zentimeter- bis metergroßen Eis- und Felsbrocken: wahrscheinlich Überreste von Saturnmonden, die durch Asteroiden zertrümmert wurden.

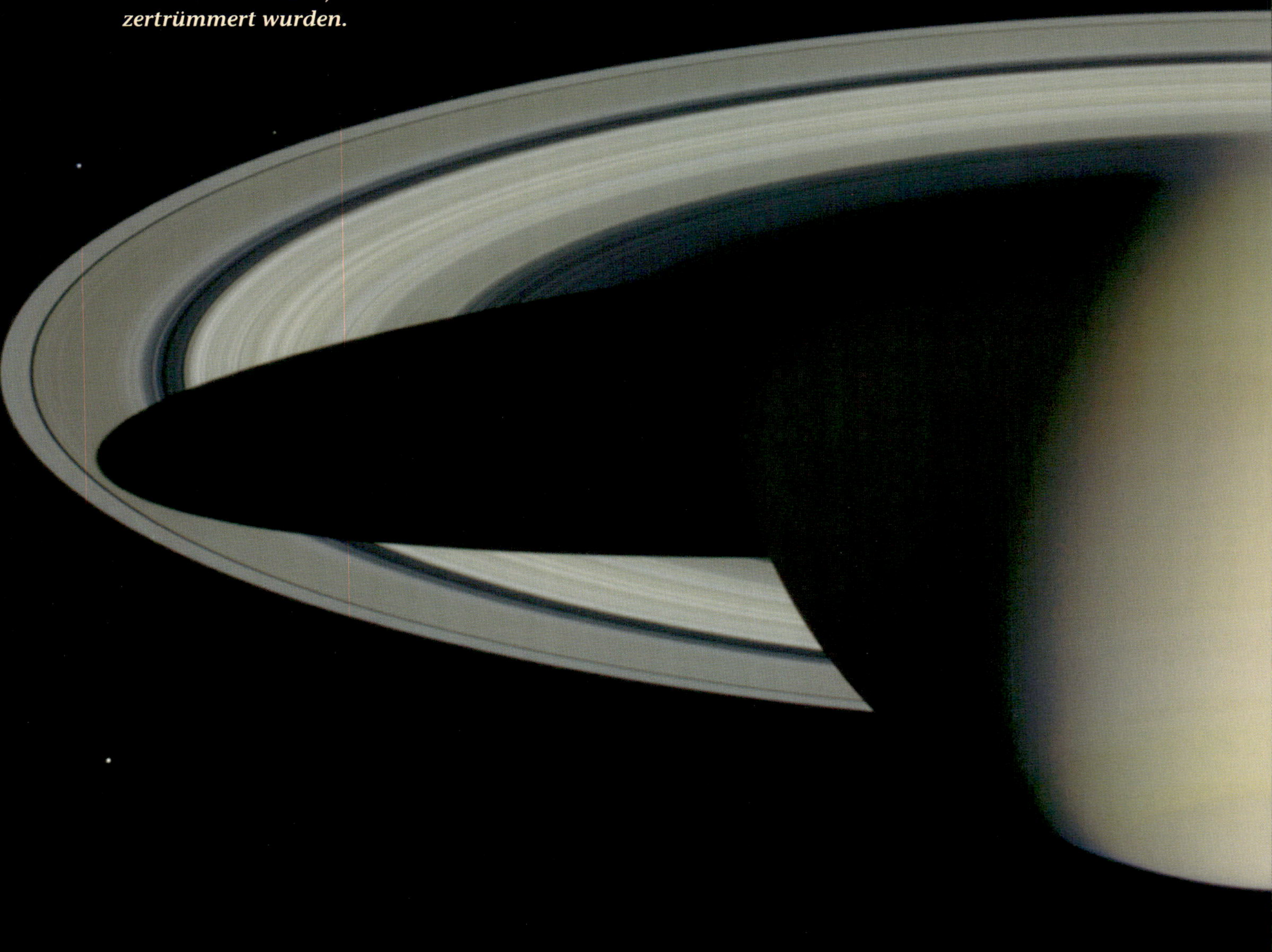

Die Zeigefinger der Schöpfung

1995 schoss das Weltraumteleskop Hubble sein wohl berühmtestes Bild: eine Aufnahme gigantischer Gaswolken am Rande des Adlernebels, die als Geburtsstätte neuer Sterne gelten. Die angestrahlten Säulen sind mehrere Lichtjahre hoch und bergen reichlich molekularen Wasserstoff, den wichtigsten Sternenrohstoff. Wissenschaftler haben in den Wolken bereits mehr als 100 junge Sonnen geortet.
Bei der Zusammensetzung des Teleskopbildes wurden rechts oben mehrere Rechtecke ausgespart.

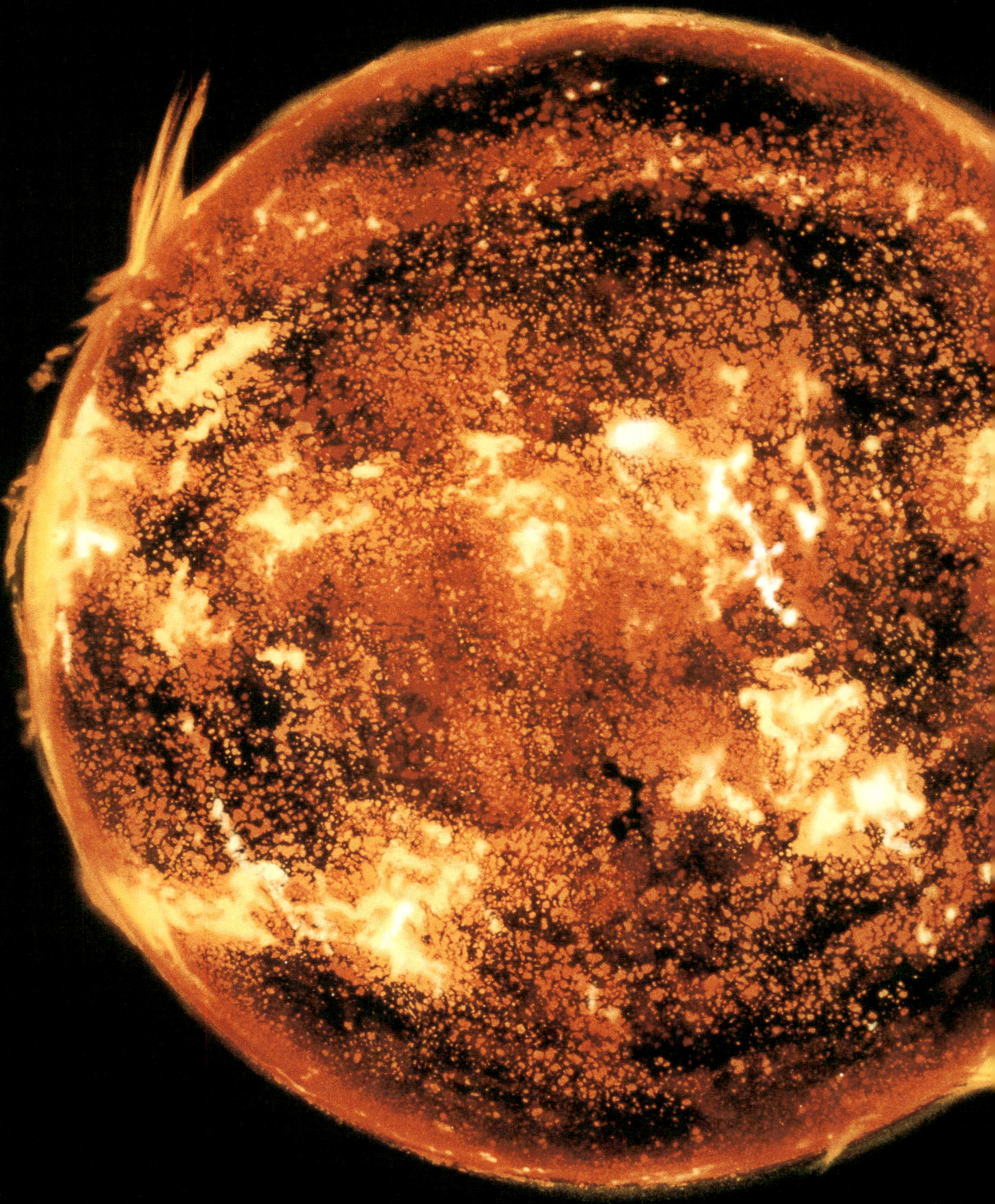

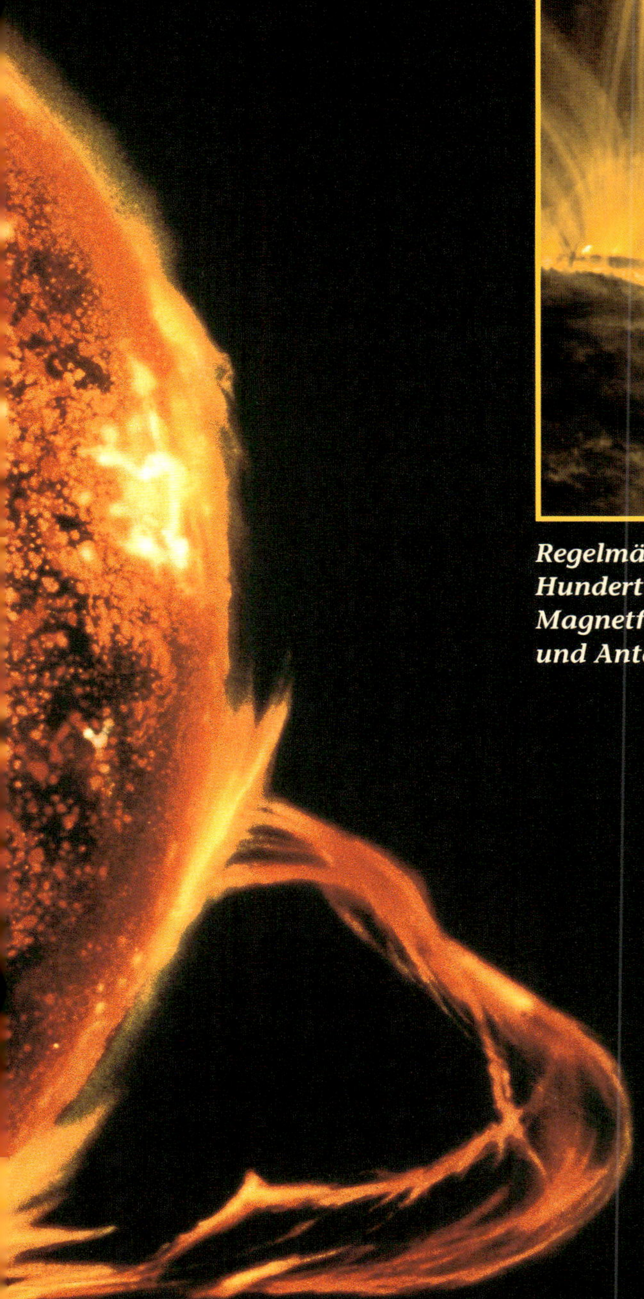

Regelmäßig schießen Gasfontänen aus der Sonne, manchmal Hunderttausende von Kilometern ins All. Wenn ihre Teilchen das Magnetfeld der Erde erreichen, bringen sie die Nacht über Arktis und Antarktis zum Leuchten: als farbenprächtige Polarlichter.

Halbzeit für die Hölle am Himmel

Im Zentrum unseres Planetensystems steht ein riesiger, brodelnder Gasball, der wie ein Fusionsreaktor funktioniert, unablässig verschmelzen in seinem Inneren Wasserstoffkerne zu Helium, der nukleare Prozess heizt den Kern auf 15 Millionen Grad Celsius auf und die Oberfläche auf immer noch 5700 Grad. Dabei strahlt die Sonne permanent Licht und Hitze ab – und ermöglicht so erst alles Leben auf der Erde. Für Astrophysiker kein Grund zu übertriebener Schwärmerei: Für sie ist die Sonne ein ziemlich normaler Stern, nach kosmischen Maßstäben eher klein und mit einem Alter von etwa fünf Milliarden Jahren schon in der zweiten Lebenshälfte.

Mensch heißt auf Griechisch „Anthropos“: derjenige – so die alten Hellenen –, der nach oben schaut. Staunend. Fragend. Zu den Sternen. Sie leuchten vom nächtlichen Firmament und fordern des Zweibeiners neugierigen Geist heraus – seit Anbeginn seiner Existenz.

Wer in dunkler, wolkenloser Nacht das Schauspiel der funkelnden Himmelslichter auf sich wirken lässt, ist ergriffen von der majestätischen Kulisse. Und manch einer schaudert angesichts der eigenen Nichtigkeit. Ahnt, dass er eingebunden ist in etwas Gigantisches, in einen unfassbaren Kosmos, eine geheimnisvolle Ordnung. Für unsere Ahnen war der Himmel die Sphäre vollkommener Harmonie, der Wohnort der Götter.

Blick aus der Ferne: Sternenkundler der Antike in einem Stich aus dem 19. Jahrhundert

Dem Wissenschaftler öffnet sich nachts ein Fenster ins All – eine Einladung, Antworten auf die großen Fragen der Menschheit zu finden. Die Astronomie ist die älteste aller Naturwissenschaften. Seit Jahrtausenden wird sie betrieben, war ein Motor für menschliche Kultur und Zivilisation. Doch erst seit wenigen Jahrzehnten gelingt es Forschern, ein umfassendes Bild vom Kosmos zu entwerfen.

Mit immer besseren Teleskopen, mit Hilfe von Satelliten und Sonden sind Astrophysiker inzwischen tief ins All vorgedrungen. Sie haben unser Sonnensystem mit seinen neun Planeten ausgekundschaftet und das Meer aus Raum und Zeit jenseits unserer kosmischen Heimat. Dabei spürten die Wissenschaftler Milliarden und Abermilliarden Sterne auf und erkannten: Es sind allesamt Sonnen, ähnlich der unseren. Glutbälle, in deren Innerem Wasserstoff zu Helium verschmilzt und dabei enorme Strahlung freisetzt.

Der Raum zwischen den Sternen ist zum größten Teil leer. Und unvorstellbar riesig. Die Distanzen im All sind so enorm, dass Astronomen sie in Lichtjahren messen. Ein Lichtjahr ist die Entfernung, die ein Lichtstrahl in einem Jahr zurücklegt. Der Abstand zwischen Sonne und Erde beträgt nur einen winzigen Bruchteil davon, hierfür braucht das Licht lediglich acht Minuten. Schon die nächsten Sterne sind mehrere Lichtjahre von unserer Sonne entfernt.

All die Himmelslichter verteilen sich nicht gleichmäßig im Raum, sondern konzentrieren sich zu gewaltigen Galaxien. Eine davon ist unsere Milchstraße – allein sie besteht aus 100 Milliarden Sternen. Die Galaxien wiederum formieren sich zu noch größeren Strukturen, die Astronomen Haufen und Superhaufen nennen. Dabei sind die Archipele im All in ständiger Dynamik. Sterne sterben, neue werden geboren. Und seit dem Urknall, mit dem – so die Theorie der Astrophysiker – vor 13,5 Milliarden Jahren die Geschichte des Universums begann, fliegt alles auseinander. Immer weiter, bis in alle Ewigkeit.

Angesichts solch gewaltiger Kräfte und Dimensionen erreicht die menschliche Vorstellungskraft ihre Grenzen, auch die der Wissenschaftler. Zugleich gelingt es Forschern, dem Universum ständig Neues zu entlocken. Explosionsartig wächst das Wissen moderner Astrophysik. Und beinahe jede Erkenntnis wirft neue Fragen auf. „Je mehr wir vom Kosmos entdecken, desto weniger verstehen wir", sagt der Münchner Astrophysiker Professor Harald Lesch.

Was Wissenschaftler bis heute über das All herausgefunden haben, fesselt die Menschen. Wissbegierig strömen sie zu Vorträgen in Schulen, Volkshochschulen und Universitäten. Schulklassen und Familien pilgern in die Planetarien, um sich die Wunder von Raum und Zeit vor Augen führen zu lassen. Eineinhalb Millionen Besucher zählen die deutschen Sternentheater derzeit im Jahr. Das Geschäft mit den Kosmos-Büchern boomt. Die höchste Auflage erreichte dabei ein Werk des englischen Physikers Stephen Hawking: „Eine kurze Geschichte der Zeit" wurde weltweit von 25 Millionen Menschen gekauft – obwohl die Abhandlung über moderne astrophysikalische Theorien nicht leicht zu verstehen ist.

Blick aus der Nähe: die Sonde Cassini über den Saturnringen (Computersimulation)

Hierzulande stand das Buch 90 Wochen hintereinander auf der Bestsellerliste.

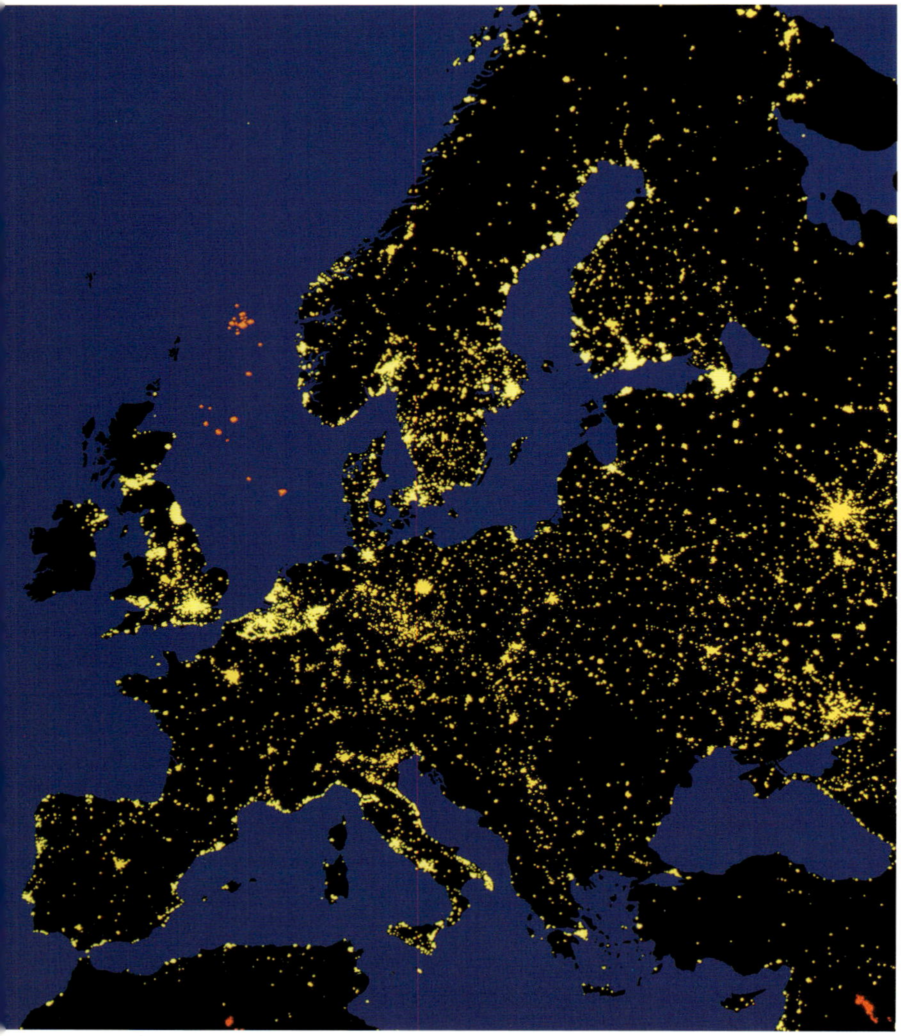

Das am Computer bearbeitete Satellitenbild zeigt Europas nächtlichen Lichterteppich. Weil vielerorts der dunkle Himmel stark erhellt wird, können dort die Menschen nicht mehr die ganze Pracht der Sterne bestaunen.

Ob Laie oder Forscher – des Menschen Erkenntnisdrang ist so groß, weil er Antworten auf die letzten Fragen sucht. Vor allem will er Klarheit über die eigene Existenz. Seit fast 500 Jahren weiß er: Er ist nicht das Zentrum der Welt. Nur ein Wesen auf einem kleinen Planeten namens Erde, der um einen ganz normalen Stern kreist. Und der wiederum ist, wie Astronomen später herausfanden, nur einer unter vielen der Milchstraße, dreht sich dort um deren Mittelpunkt. Homo sapiens ist eine kosmische Randfigur.

Aber welche Bedeutung hat er darüber hinaus im Gesamtgefüge? Ist er zumindest ein Unikat? Oder nur Massenware? Ist die Erde die einzig belebte Oase im Universum? Oder nur eine von vielen? Und leben womöglich irgendwo Wesen, die uns weit überlegen sind? Noch kennt kein Forscher die Antworten. Doch mit einer neuen, enorm leistungsstarken Generation von Teleskopen werden Wissenschaftler sie vermutlich bald geben können. Wir stehen vor einem revolutionären Umbruch in unserem Weltbild.

„Abenteuer Weltall“ erzählt von der Entdeckung der Gestirne durch unsere Vorfahren, schildert die neuesten Erkenntnisse von Planetenforschern und Kosmologen, stellt die kühnsten Raumfahrtprojekte vor. Und zu guter Letzt geht es um die „Macht der Sterne“, die Astrologie. Denn Millionen Menschen versprechen sich von der Deutung himmlischer Phänomene Aufklärung über ihr Schicksal.

Die Erde ist der einzige bekannte Planet im Universum, auf dem es Leben gibt. Ob noch andere solche Oasen im Weltraum existieren, wollen Forscher mit neuen Teleskopen herausfinden.

Die Entdeckung des Himmels

Schon vor Jahrtausenden beobachtete der Mensch die Gestirne, auf der Suche nach Mustern und Regeln, die ihm die Welt erklären sollten. Was er fand, war faszinierend und irritierend zugleich – denn die GESCHICHTE DER ASTRONOMIE ist auch die Geschichte des immer kleiner werdenden Menschen.

Prähistorische Kultanlage und Jahreskalender – der Steinkreis von Stonehenge in Südengland hat auch nach 4000 Jahren noch eine magische Ausstrahlung.

Himmel aus Bronze

Die Himmelsscheibe von Nebra wurde vermutlich vor 3600 Jahren gegossen und danach mit Goldeinlagen verziert. Diese älteste bekannte Darstellung der Gestirne zeigt, dass sich unsere Vorfahren schon intensiv mit dem Geschehen am Firmament beschäftigt haben.

Sonne für den Pharao

Der Tempel des Pharao Ramses II. in Abu Simbel wurde exakt nach dem Stand unseres Zentralgestirns ausgerichtet. Die Verbindung mit dem Sonnengott Ra sollte die Wiedergeburt des Herrschers sichern.

Bauplan von oben

Die ägyptischen Pharaonen ließen die Pyramiden exakt nach den Himmelsrichtungen ausrichten. Die konnten nur durch penible Beobachtung des nächtlichen Firmaments ermittelt werden.

Blick in die Sterne

Mithilfe einer halbkreisförmigen Armillarsphäre und ihrer Messskalen (links) konnten schon zu Zeiten von Christi Geburt chinesische Astronomen die Positionen und Bahnen von Sternen berechnen. Astrologie und Astronomie galten damals noch als eine Wissenschaft. Der Drache, der dieses Gerät stützt, ist im chinesischen Horoskop das stärkste Zeichen.

Kultus und Kalender

Die Pyramidenbauten der Maya in Mittelamerika waren Teil eines religiösen Systems, in dem die sternkundigen Priester enorme Macht besaßen.

Planetenjäger

Jai Singh II., indischer Astronom, Mathematiker und Stadtplaner und Maharadscha von Jaipur, ließ 1734 in seiner Heimatstadt die astronomische Anlage Jantar Mantar bauen. Mit Geräten aus Stein, Marmor und Bronze konnten Wissenschaftler die Zeit messen, Sonnenfinsternisse voraussagen und Planetenbahnen berechnen.

Es ist der 23. Februar 2002. In der Lobby des Baseler Hilton-Hotels wartet der Deutsche Harald Meller. Er ist Landesarchäologe von Sachsen-Anhalt und Direktor des Museums für Vorgeschichte in Halle – und er ist aufgeregt. Man hat ihm Fotos eines angeblichen Jahrhundertfundes zugespielt, dieser soll hier übergeben werden. Meller hat einen Probenkoffer für metallurgische Schnelltests dabei, um vor Ort die Echtheit überprüfen zu können.

Die unauffälligen Herren im Foyer sind Zivilbeamte, die auf Mellers Zeichen zugreifen sollen. Eine Frau tritt an den Archäologen heran und lotst ihn überraschend in den Hotelkeller. Die Überwacher sind matt gesetzt. Unten wartet ein hagerer Mann, ein 63-jähriger Oberstudienrat, wie sich später herausstellen wird. Er knöpft wortlos sein Hemd auf, holt ein Handtuch hervor und wickelt das Objekt der Begierde aus: eine ramponierte grün-goldene Metallscheibe von 32 Zentimeter Durchmesser aus Bronze, belegt mit 32 unterschiedlich großen Goldplättchen. Wohl jedes Kind würde diese sofort als Sonne, Mond und Sterne deuten. 380 000 Euro will der Lehrer für die Scheibe haben. Meller geht kurz aufs Klo – und ruft per Handy die Beamten aus dem Foyer herbei. Der Amateurhehler, der nach den Sternen greifen wollte, wird festgenommen.

1999 war die Scheibe von zwei Schatzgräbern aus der Erde geklaubt worden. Sie hatten sie in der Nähe der Stadt Nebra in Sachsen-Anhalt ausgebuddelt – sehr unsanft, wie einige frische Beulen im historischen Blech zeigten. Zwei Jahre lang versuchten die beiden, den Fund zu verhökern; für 31 000 Mark gelangte das Stück schließlich in die Hände der Lehrkraft.

Ausgräber und Hehler wurden zu Freiheitsstrafen verurteilt. Nun kam die Stunde der Archäologen, Physiker, Chemiker und Astronomen, die dem Fund zu Leibe rückten: mit der Funkenerosionsmethode, in Protonenbeschleunigern und mit Röntgenfluoreszenzanalyse. Ihr aufregendes Ergebnis: Die zwei Kilo schwere Platte wurde um 1600 vor Christus von Frühbronze-Handwerkern gegossen. Fälschung ausgeschlossen. Nach seinem Fundort wurde der Metalldiskus die „Himmelsscheibe von Nebra“ getauft.

Wichtige
EREIGNISSE
in der Geschichte der Astronomie

Zeit · Sterne · Planetensystem · Sonnenfinsternis

4713 – Beginn der julianischen Tageszählung

Sonnengott Ra

Ägypten

Das Jahr hat 365 Tage
Die Ägypter legen fest, dass ein Jahr zwölf Monate zu je 30 Tagen plus 5 Tage am Ende des Jahres hat. Da das Sonnenjahr um einen viertel Tag länger ist, kommt der Kalender immer mehr ins Stolpern, Feiertage müssen durch komplizierte Hilfsrechnungen ermittelt werden.

3500

Babylon

Sternenbilder
Die Babylonier fassen zwecks Übersicht verschiedene Sterne zu Sternbildern zusammen. Sie sind auch die Erfinder unserer Tierkreiszeic

2750

Babylonische Tontafel

5000 v. Chr. · 4000 v. Chr. · 3000 v. Chr.

Der deutsche Sensationsfund: die Himmelsscheibe von Nebra

Die 1999 von Grabräubern in der Nähe der sächsisch-anhaltinischen Stadt Nebra gefundene Bronzescheibe ist – wie der Ötzi – ein Schlüsselfund der europäischen Vorgeschichte. Sie zeigt die erste bekannte Himmelsdarstellung der Menschheit.

Die Technik

Die Scheibe ist aus **Bronze**, etwa 2 mm stark und wiegt zwei Kilo. Wahrscheinlich wurde sie in einem Stück gegossen. Das Gold für die Einlagen stammt aus Siebenbürgen. Die dünnen Bleche wurden mit einem Hammer in die Vertiefungen getrieben.

Deutung 1

Die Scheibe ist eine Art **Kalender**, worauf die Plejaden hindeuten (siehe rechts), die in vielen alten Kulturen als Kalendersterne gelten, weil sie im Lauf eines Jahres genau einmal auf- und untergehen.

Deutung 2

Einige Forscher sind der Ansicht, es handele sich lediglich um eine **Schamanentrommel**, und die Himmelsscheibe habe ausschließlich rituelle Funktionen gehabt.

Die Scheibe diente der Zeitbestimmung, was für die Aussaat und Ernte wichtig war. Mit ihr konnte man den Lauf der Sonne von der **Winter- zur Sommersonnenwende** genau bestimmen.

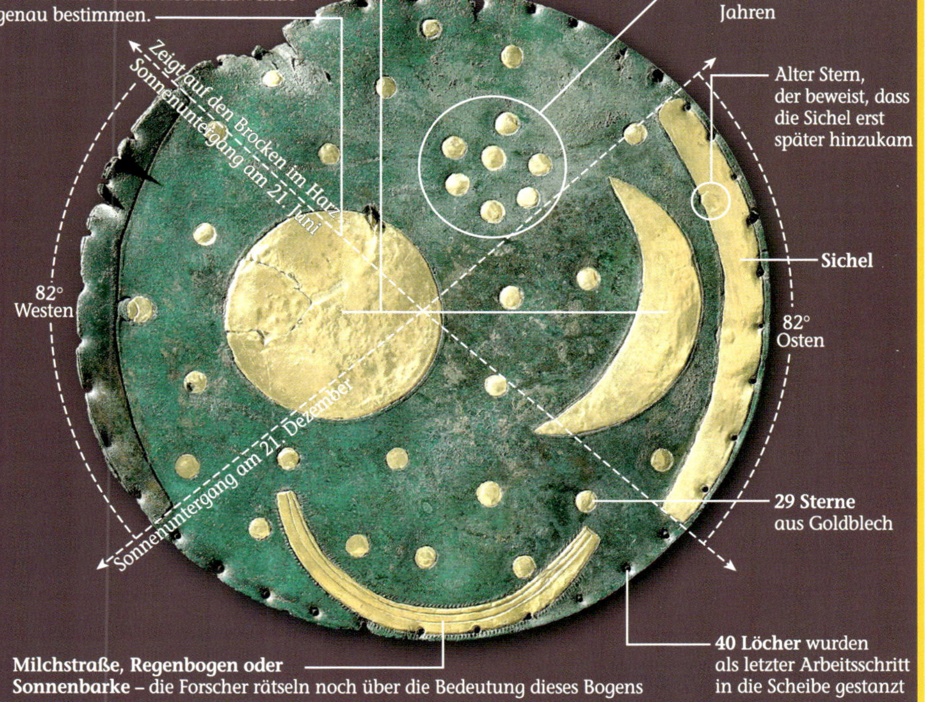

Bei **Goseck**, nur 25 Kilometer vom Fundort der Himmelsscheibe entfernt, errichtete vor rund 7000 Jahren eine frühe bäuerliche Gemeinschaft **eine monumentale Kreisanlage** (Durchmesser 75 Meter), die der Beobachtung astronomischer Phänomene diente.

Asien | Europa | Südamerika

Die Babylonier errechnen, dass es alle 6585 1/3 Tage zu Mondfinsternissen kommt.

In China werden zwei Astronomen zum Tode verurteilt, weil sie versäumt hatten, eine Sonnenfinsternis vorherzusagen.

Himmelsscheibe von Nebra

China: Sternkarten in Stein gehauen

Der Maya-Kalender

In Mittelamerika errechnen die Maya die Länge eines Jahres mit einem Fehler von nur 17,28 Sekunden. Ihr sehr komplizierter Kalender besteht aus dem heiligen Kalender und dem Sonnenjahr, die sich in einem bestimmten Rhythmus abwechseln.

2300 | 2137 | 1150

2000 v. Chr. | 1000 v. Chr.

Stonehenge (in drei Phasen zwischen 2100 und 1600 v. Chr. erbaut)

Während die Bäcker in Nebra Torten- und Marzipan-Himmelsscheiben in die Schaufenster hievten und man im Rathaus nachdachte, wie mit dem Sensationsfund Touristen angelockt werden könnten, rätselten und rätseln die Fachleute immer noch, was genau die Scheibe erzählen kann (siehe vorhergehende Seite). Harald Meller ist überzeugt, dass es sich um „ein sakrales Gerät" handelt. Wolfhardt Schlosser, Astronom an der Bochumer Ruhr-Universität, interpretiert die Scheibe als Darstellung des nächtlichen Himmels, wobei er die sieben dicht beieinander liegenden Punkte als Plejaden deutet – als die in vielen alten Kulturen bekannten Kalendersterne, die einmal im Jahr auf- beziehungsweise untergehen.

„Die Himmelsscheibe ist ein Fälschung", sagt dagegen Prof. Dr. Peter Schauer, Chef des Lehrstuhls für Vor- und Frühgeschichte an der Universität Regensburg. „Die gesamte Handwerkstechnik einschließlich der besonderen Art der Vergoldung der Kupferfläche ist für die Bronzezeit nirgendwo belegt." Schauer ist Vertreter einer ganzen Reihe von Wissenschaftlern, die dem Rummel um den Bronzefund skeptisch bis ablehnend gegenüber stehen. Ihnen reichen die vorliegenden Erkenntnisse nicht, um eine Neubewertung der historischen Epoche vorzunehmen.

Aber trotz aller noch nicht ausgeräumten Zweifel: Für die Mehrheit der Archäologen ist die „Himmelsscheibe von Nebra" – wie der Ötzi – ein Schlüsselfund für die europäische Vorgeschichte. Sie zeigt die älteste bekannte konkrete Himmelsdarstellung der Geschichte. „Als die großen Beobachter der Gestirne galten immer die Babylonier, die Ägypter, Griechen oder Inder", sagt Professor Dieter Herrmann, Leiter der Archenhold-Sternwarte in Berlin-Treptow, „nun haben wir den Beweis, dass auch unsere Vorfahren sich schon sehr intensiv mit dem Geschehen am Himmel befasst haben."

Bis zum Fund von Nebra waren die Steine von Stonehenge in Südengland das beeindruckendste Beispiel für prähistorische Astronomie. Die monumentale Anlage 130 Kilometer westlich von London entstand zwischen 2100 und 1600 v. Chr.

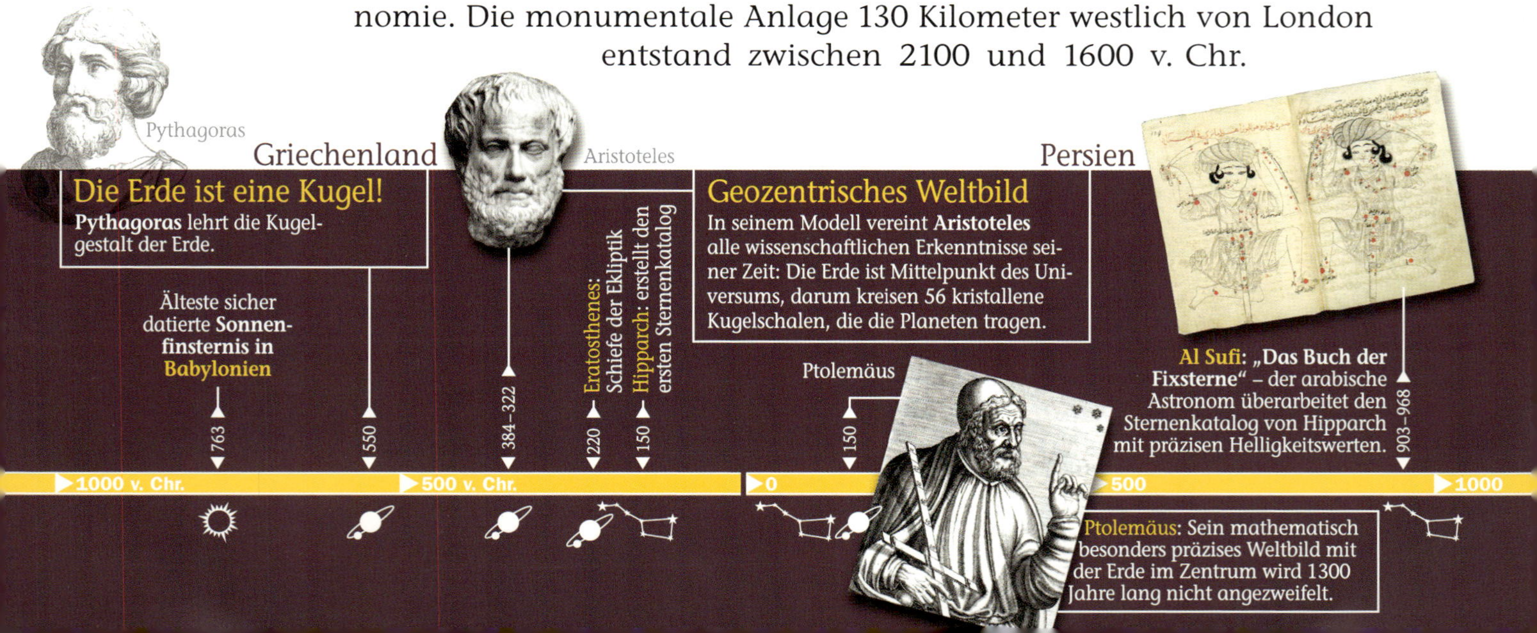

Die bis zu 50 Tonnen schweren Steine sind nach den Positionen der Sonnenwende und Tagundnachtgleiche angeordnet. Der Kreis, der heute jedes Jahr zur Sonnenwendfeier Scharen von New-Age-Aposteln, Neo-Druiden und Retro-Fans anlockt, war ein riesiger Kalender. Die systematische Beobachtung der Sonnenaufgangsorte machte es möglich, die Dauer eines Jahres zu bestimmen: die Zeit, bis die Sonne zum zweiten Mal am nördlichsten beziehungsweise südlichsten Aufgangsort in den Himmel steigt.

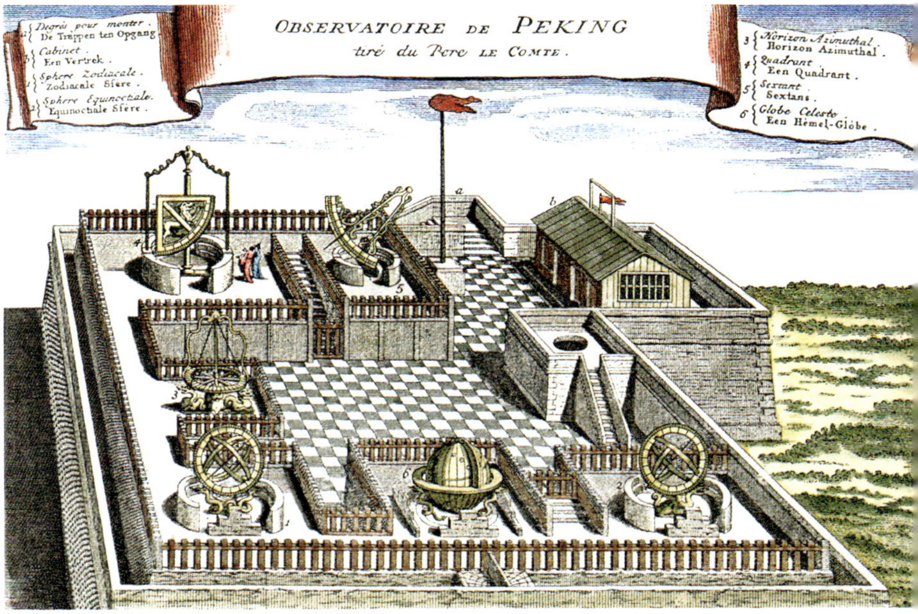

Ein französischer Kupferstich (1747) zeigt Spitzentechnologie: das Observatorium von Peking

Seit er existiert, blickt Homo sapiens nach oben: Nachts sah er die Sterne leuchten, der Mond veränderte ständig seine Form und wanderte mal als schmale Sichel, mal als Vollkreis über den Himmel. Zwischen den verlässlichen Fixsternen am Himmel gab es einige unruhige Kandidaten mit unregelmäßigen Bahnen, die von den Griechen Planeten genannt wurden, Umherirrende. Der Mensch entdeckte Muster und Regeln in den Bewegungen der Sterne und gewann daraus Theorien über seine Welt und über Ursprung und Form des Universums – und wenn wir heute mit dem Hubble-Teleskop viele Millionen Lichtjahre ins Weltall hinausblicken, tun wir nichts anderes: Wir versuchen, uns ein Weltbild zu erstellen und unseren Platz im Universum zu finden.

Brahe

Europa

Heliozentrisches Weltbild

Nach langen Berechnungen stellt **Kopernikus** die Sonne in das Zentrum der Welt und lässt die Planeten kreisen. Er vermutet, dass die Erde um die eigene Achse rotiert.

1501

Tycho Brahe (Dänemark) bestimmt die genauen Positionen von über 700 Sternen.

1546–1601

Kopernikus

Gregorianischer Kalender

Durch den julianischen Kalender ist im Laufe der Zeit ein Fehler von zehn Tagen aufgetreten. Die Kalenderreform von Papst **Gregor XIII.** schafft Ordnung und führt das Schaltjahr ein.

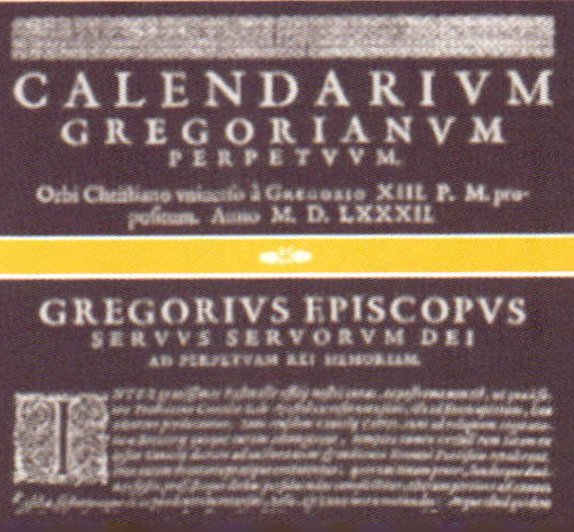

1582

Giordano Bruno (Italien) wird in Rom verbrannt, weil er behauptet, dass die Sonne nur ein Stern unter vielen sei.

1600

Bruno

1500 · 1550 · 1600

Als vor 3600 Jahren im heutigen Sachsen-Anhalt die Handwerker die Bronze für ihre Himmelsscheibe schmolzen, waren die Rhythmen der Natur die stärkste und eindrucksvollste Kraft, der die Menschen ausgesetzt waren: Tag und Nacht, Neumond und Vollmond, Sommer und Winter prägten das Leben, setzten die Zeitpunkte für die Aussaat des Getreides und die Befruchtung des Viehs. Lag es nicht auf der Hand, dass so machtvolle Gestirne göttlich sein mussten?

Bei den Ägyptern stand Sirius im Mittelpunkt des Interesses, der hellste Stern des Nachthimmels. Sein Aufgang am 20. Juli fiel zusammen mit dem Anstieg des Wasserpegels im Nil, für die Landwirtschaft das herausragende Ereignis des Jahres. Als „Bringer des neuen Jahres und der Überschwemmung" wurde Sirius als göttliches Wesen verehrt.

Deshalb markiert das Erscheinen des hellen Sterns den ersten Tag des ägyptischen Jahres, das schon im dritten Jahrtausend vor Christus eingeführt wurde. Nach langen Sonnenbeobachtungen hatte man dieses auf zwölf Monate zu 30 Tagen und fünf zusätzliche Ausgleichstage am Jahresende festgelegt. Da ein so berechnetes Jahr gegenüber dem tatsächlichen Sonnenlauf um $1/4$ Tag zu kurz ist, verschob sich der ägyptische Kalender alle vier Jahre um einen Tag. Folge dieses „ägyptischen Wanderkalenders": Jahreszeiten und Kalender gerieten zunehmend aus dem Takt, Trockenperioden lagen plötzlich auf Terminen, an denen eigentlich das Wasser hätte reichlich fließen sollen; Festtage waren nur noch mit komplizierten Hilfsrechnungen zu bestimmen.

Trotz dieses Fehlers im System der Zeitrechnung hatten die Ägypter den Himmel ziemlich genau vermessen. Obwohl sie nur das bloße Auge und primitive hölzerne „Schattenstäbe" hatten, konnten sie Himmelsereignisse präzise voraussagen, wie im großen Tempel Ramses' II. in Assuan zu bestaunen ist: An zwei Tagen des Jahres leuchtet die Sonne bei ihrem

Kepler

Europa

Galilei

1600–1609: **Johannes Kepler** (Deutschland) berechnet, dass die Planeten auf elliptischen Bahnen um die Sonne kreisen.

1608: Erfindung des **Fernrohrs**

1609: **Galileo Galilei** (Italien): Mit einem Fernrohr findet er Mondgebirge, Sonnenflecken, Venusphasen, Saturnring und vier Jupitermonde.

1643–1727: **Isaac Newton** (England) erklärt durch sein Gravitationsgesetz die Bewegungen der Planeten.

1600

1700

Aufzeichnung der Sonnenflecken Galileo Galileis, 1613

Newton

Aufgang für kurze Zeit in den Tempel hinein und trifft am Ende eines 60 Meter langen Ganges mit ihren Strahlen minutenlang die Statue des Pharao. Diese Berührung mit dem Sonnengott Ra sollte die Wiedergeburt des Ramses sichern. Auch die Anlage anderer großer Bauwerke zeigt, wie sicher die Ägypter mit den Sternen umgehen konnten: Die Pyramiden des Alten Reiches waren exakt nach Himmelsrichtungen ausgerichtet. Das setzte voraus, dass die Zirkumpolarsterne, die den Pol ständig zu umkreisen scheinen, exakt vermessen wurden. Alle astronomischen Beobachtungen wurden von Priestern durchgeführt. Ihr Monopol auf das Sternenwissen verschaffte ihnen unglaubliche Macht.

Auch bei den Maya in Mittelamerika hatten Priester die Himmelsbeobachtung in der Hand. Obwohl die Maya sich, gemessen an ihren Werkzeugen, bis zum 16. Jahrhundert in der Jungsteinzeit befanden, waren sie Meister der Genauigkeit: Mit einfachsten Peilstäben gelang es ihnen, die Dauer des tropischen Jahres auf 365,2420 Tage festzulegen – nach heutigen Erkenntnissen dauert es 365,2422 Tage, was einer Abweichung von 17,28 Sekunden pro Jahr entspricht. Das Wissen um den Kalender, der die lebenswichtigen Zeiten von Aussaat und Ernte regelte, bedeutete auch für die Maya-Priester einen enormen Machtfaktor.

Diese in Uruk gefundene mesopotamische Keilschrifttafel aus der Seleukiden-Dynastie (3.–1. Jh. v. Chr.) enthält astrologische Aufzeichnungen.

Exakter als die Ägypter maßen auch die Chinesen die Zeit. 2500 vor Christus hatten sie den korrekten Jahresablauf mit 365 ¼ Tagen ermittelt. Für die Beobachtung der Sterne waren „Sternenbeamte" zuständig, die außergewöhnliche Ereignisse nicht nur in die Sternenbücher eintragen mussten, sondern auch die Aufgabe hatten, sie im Voraus zu berechnen, „damit das Volk nicht durch sie erschreckt" würde. Offenbar wurden die Beamten im alten China streng nach Erfolg bewertet: Als die beiden Astronomen Hi und Ho es wegen einer ausgiebigen Sauferei versäumt hatten, eine Sonnenfinsternis vorauszusagen, wurden sie zum Tode durch den Strang verurteilt. Anhand alter chinesischer Chroniken wurde ermittelt, dass jene Sonnenfinsternis nach unserer Zeitrechnung am 22. Oktober 2137 v. Chr. stattgefunden hat.

Aus alten Keilschrifttafeln ist bekannt, dass auch die Babylonier in der Lage waren, Sonnen- und Mondfinsternisse vorauszusagen. Die völlige Verdunkelung des Mondes, so hatten sie beobachtet,

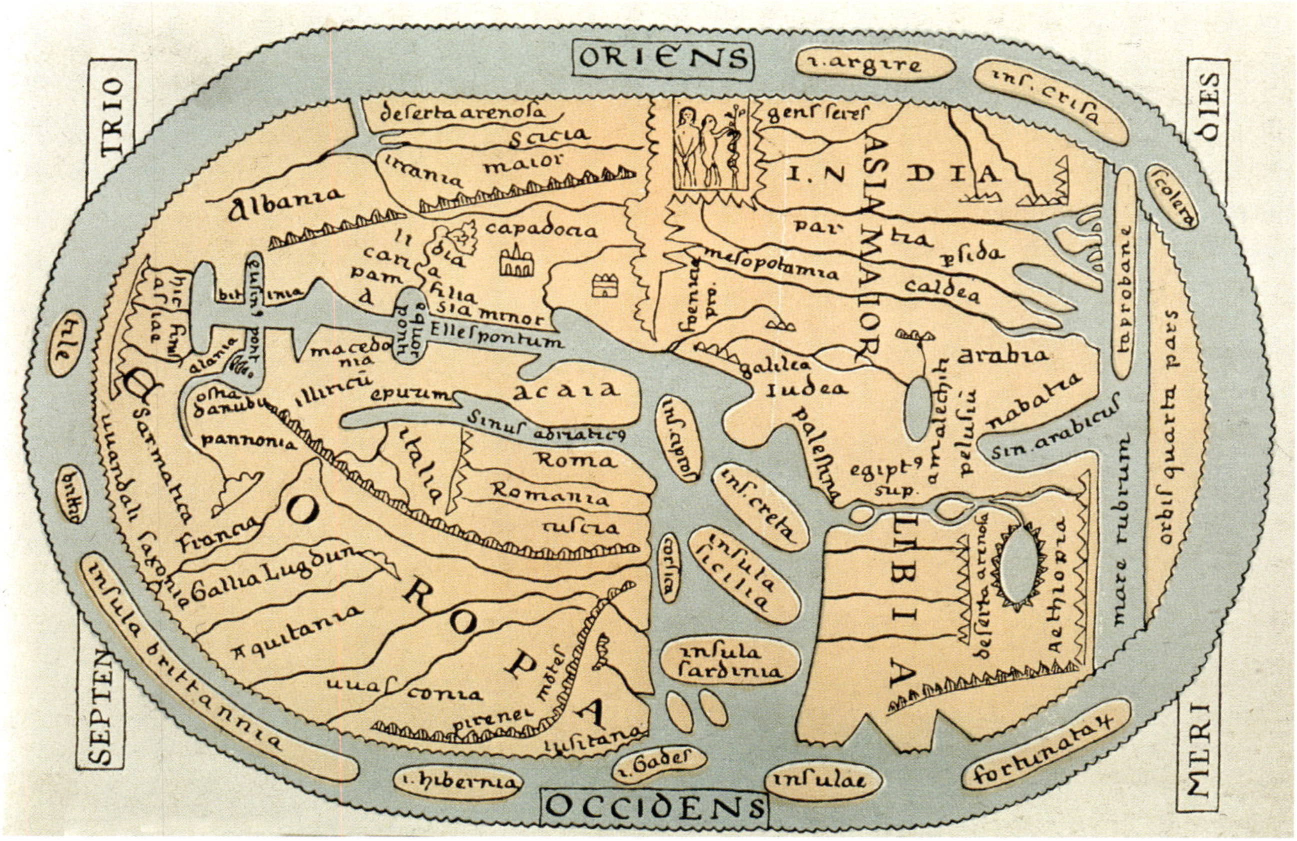

Die Vorstellung, dass die Welt eine Scheibe sei, hielt sich im mittelalterlichen Europa sehr lange. Etwa im Jahr 1076 zeichnete Stephanus Garcia diese Karte einer Weltscheibe in der französischen Abtei St.-Sever-sur-l'Adour.

wiederholt sich in einem Abstand von 18 Jahren und elf Tagen, genauer: alle 6585⅓ Tage. Die Babylonier erfanden die meisten Sternbilder (als praktische Zusammenfassung von Sterngruppen), sie errechneten die exakten Umlaufzeiten des Mondes und der Planeten bis auf die vierte Stelle hinter dem Komma, und sie teilten den Tag in 24 Stunden ein. Auch viele Tierkreiszeichen gehen auf die Babylonier zurück.

Anders als bei den Ägyptern und Babyloniern wollten die Griechen die angehäuften Fakten in Zusammenhang bringen, sie wollten – ähnlich wie die Kosmologen heute – die „Große Theorie“, das Weltbild, in das alle Kenntnisse widerspruchsfrei einflossen. Folglich waren es nicht mehr Priester, die bei ihnen Kalender und Horoskope aus den Sternbeobachtungen filterten, sondern Mathematiker und Philosophen.

Thales von Milet, der Gründer der ionischen Philosophenschule (625–545 v. Chr.), hatte noch die Vorstellung, dass die Erde eine flache Scheibe sei, die auf dem Wasser des Flusses Okeanos schwimmt. Die im Westen untergehende Sonne werde nördlich von der Scheibe des Nachts wieder an den Ort ihres Aufgangs im Osten zurückgebracht. Noch zu Lebzeiten des Thales stellte wiederum der Philosoph und Mathematiker Pythagoras (580–500 v. Chr.) die Behauptung auf, die Erde sei eine vollkommene, im Raum schwebende Kugel. Den sie umgebenden Raum nannte er Kosmos.

Mit einer Mischung aus Beobachtung und kreativer Spekulation und auf der Suche nach perfekter Harmonie entwickelte Aristoteles (384–322 v. Chr.) ein umfassendes geozentrisches Weltmodell, das alle Erkenntnisse und Beobachtungen jener Zeit vereinte. Die Erde bildete in seinem System den Mittelpunkt des Universums, darüber kreisten 56 kristallene Sphären, Kugelschalen, auf denen sich Sonne, Sterne und Planeten (wozu auch der Mond gerechnet wurde) auf idealen Kreisbahnen um die Erde drehten.

Woher kommt diese zielgerichtete Bewegung?, fragte sich Aristoteles. Seine Antwort: Jemand oder etwas muss alles in Gang gesetzt haben, muss der erste Beweger gewesen sein. Die Kugelform der Schalen garantierte für die daran befestigten Objekte die Kreisbahn – die vollkommenste aller Bewegungen. Der englische Kosmologe Stephen Hawking meint, die große Attraktion dieses Weltbildes habe darin gelegen, „dass es außerhalb der Sternensphäre genug Platz für Himmel und Hölle übrig ließ, auch wenn nicht ganz klar wurde, wo sie dort angesiedelt waren".

Einen Haken hatte dieses Modell jedoch: Die Bewegung der Planeten passte nicht in das philosophische Dogma der perfekten, harmonischen Kreisbahnen. Von der Erde aus beobachtet, zogen die bekannten Planeten Merkur, Mars, Venus, Jupiter und Saturn scheinbar Extraschleifen am Himmel (was daran liegt, dass die Erde auf ihrer elliptischen Bahn um das Zentralgestirn sonnenferne Planeten zuweilen „überholt" und von sonnennahen „eingeholt" wird).

Der deutsch-holländische Astronom Andreas Cellarius illustrierte in seinem Buch „Harmonia Macrocosmia" (1660) das ptolemäische Weltbild.

Claudius Ptolemäus (um 100–170 n. Chr.) entwickelte ein höchst kompliziertes mathematisches Schema, das die Extrabewegungen der Planeten erklärte und mit dem sie in das Vollkommenheit verlangende Modell der griechischen Astronomie integriert werden konnten. Ptolemäus, ein römischer Staatsbürger griechischer Abstammung, lebte in der Millionenstadt Alexandria, der geistigen und kulturellen Hauptstadt der Antike. Sein Trick: Er fügte den Planetenbahnen Beikreise, Epizykel, hinzu. Planeten, so Ptolemäus, umkreisen die Erde auf einer großen Bahn, wobei sie gleichzeitig kleine Kreise drehen. Diese Extraschleifen konnten die eiernden Planetenbewegungen hinreichend erklären. „Es war das erste in sich geschlossene Weltbild“, sagt Professor Herrmann, „das für damalige Verhältnisse absolut widerspruchsfrei war.“

Der Mathematiker Claudius Ptolemäus in der Sternwarte von Alexandria

Immerhin erschien das scharfsinnige Modell des Ptolemäus der Gelehrtenwelt erst nach rund 1300 Jahren verbesserungsbedürftig. Für diese lange Zeit galt, dass sich alles in vollkommener Bewegung um die Erde dreht, die völlig still im Zentrum des Kosmos verharrt. Fast genauso still verharrte auch die wissenschaftliche Astronomie. Alle Himmelsfragen schienen für alle Zeiten beantwortet, der Mensch war mit Gott und dem Kosmos im Einklang, und die Kirche war zufrieden.

Ausgerechnet ein Domherr aus dem polnischen Thorn brachte das für die Ewigkeit gedachte Himmelsgebäude schließlich zum Einsturz – einfach durch Nachdenken, Ausprobieren, Rechnen und Fantasieren. Nikolaus Kopernikus (1473–1543) hatte sich keinen Umsturz vorgenommen, er wollte nur einige Ungereimtheiten im System des Ptolemäus beseitigen. Diese Arbeit wurde teilweise sogar von der Kirche finanziert. Zwischen 1507 und 1514 schrieb er seine Gedanken über ein neues Weltsystem nieder (bekannt als „Commentariolus"). Er stellte die Hypothese auf, dass die Sonne, nicht die Erde, den Mittelpunkt bilde, um den sich die Planeten in kreisförmigen Bahnen bewegten. Er behauptete, dass die Erde sich täglich einmal um ihre eigene Achse drehe und jährlich einmal die Sonne umrunde, ebenso, wie es die anderen Planeten in anderen Zeiträumen täten. Dieses „heliozentrische Weltbild" war nicht einfach eine weitere neue Theorie, es war eine geistige Revolution, die das Bewusstsein veränderte. Der amerikanische Historiker Owen Gingerich stellte die „kopernikanische Lehre" auf eine Stufe mit Luthers Reformation und Magellans Weltumsegelung.

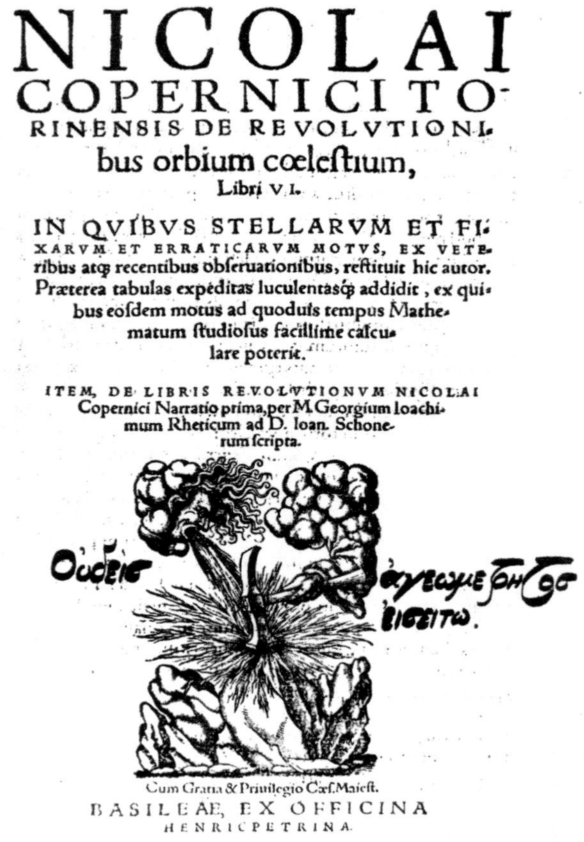
NICOLAI
COPERNICI TO-
RINENSIS DE REVOLVTIONI-
bus orbium cœlestium,
Libri VI.
IN QVIBVS STELLARVM ET FI-
XARVM ET ERRATICARVM MOTVS, EX VETE-
ribus atque recentibus obseruationibus, restituit hic autor.
Præterea tabulas expeditas luculentasque addidit, ex qui-
bus eosdem motus ad quoduis tempus Mathe-
matum studiosus facillime calcu-
lare poterit.
ITEM, DE LIBRIS REVOLVTIONVM NICOLAI
Copernici Narratio prima, per M. Georgium Ioachi-
mum Rheticum ad D. Ioan. Schone-
rum scripta.
Οὐδεὶς ἀγεωμέτρητος εἰσίτω.
Cum Gratia & Priuilegio Cæs. Maiest.
BASILEAE, EX OFFICINA
HENRICPETRINA.

Mit seinem Hauptwerk „De Revolutionibus Orbium Coelestium" brachte Nikolaus Kopernikus das heliozentrische Weltbild zu Fall.

Kopernikus ahnte, was er da für eine Zeitbombe gelegt hatte: Aus Angst vor der eigenen Courage ließ er seine Ergebnisse nicht drucken, sondern verteilte nur einige Manuskripte an Freunde und Bekannte. „Der Narr will die ganze Astronomie umkehren", schimpfte Martin Luther. Umkehren, das hieß, die Erde aus der Mitte der Welt verbannen. Plötzlich sollte es kein Oben und kein Unten mehr geben. Wo, fragte man sich, hatte Gott jetzt seinen Platz? Erst nach seinem Tode, so verfügte Kopernikus, sollte sein Hauptwerk „De Revolutionibus Orbium Coelestium" gedruckt erscheinen. Noch auf dem Totenbett erhielt er ein druckfrisches Exemplar.

Als Gedankenmodell, als Hypothese, konnte aber sogar die Kirche mit dem neuen Modell leben. Immerhin benutzten es die Jesuiten, um das Osterfest genauer zu berechnen. Lebensgefährlich wurde es für denjenigen, der das Kopernikus-Modell als Wahrheit ansah. Der italienische Dominikanermönch Giordano Bruno war so frei und ging noch weiter als der Domherr aus Thorn. Er behauptete, dass die Sonne nur ein Stern unter vielen sei. Sein Weltbild war ein unendliches Universum, erfüllt von der Weltseele. Das ging den Klerikern zu weit: Die Heilige Inquisition verurteilte Bruno wegen Häresie. Nach siebenjähriger Haft wurde er im Jahre 1600 auf dem Campo dei Fiori in Rom auf dem Scheiterhaufen verbrannt.

Als 1889 in Rom ein Monument für Bruno auf dem Campo errichtet werden sollte, versuchte die katholische Kirche, dies mit allen Mitteln zu verhindern – vergeblich. Anlässlich der Enthüllung des Bruno-Standbildes hatte Leo XIII. ein Sendschreiben an die gläubige Welt gerichtet: „Seine (Brunos) Handlungsweise war unaufrichtig, verlogen und vollkommen selbstsüchtig, intolerant gegen jede gegenteilige Meinung, ausgesprochen bösartig und voll von einer die Wahrheit verzerrenden Lobhudelei." Bis 1965 standen die Schriften Giordano Brunos auf dem Index der verbotenen Bücher.

Friedrich Wilhelm Herschels zwölf Meter langes Riesenteleskop von 1798

Der Kampf der Kirche gegen das neue Weltbild währte lang, aber er war von Anfang an vergeblich. Die Zeit war reif für neue Ideen. Schon 1572 hatte es eine große Erschütterung des immer noch allgültigen geozentrischen Weltbildes gegeben: Im Sternbild Cassiopeia tauchte ein neues, stark leuchtendes Gestirn auf (eine Supernova), was die Theorie vom unveränderlichen Fixstern-Himmel für alle sichtbar widerlegte. 1577 folgte ein Komet, auch er widersprach dem Dogma vom unveränderlichen Firmament. Der Blick in die Bibel, der sonst immer beruhigen konnte, half nicht mehr: Die Erde stand nicht mehr im Zentrum der Welt.

Johannes Kepler, 1571 in Weil der Stadt (Württemberg) geboren, war ein tiefgläubiger, gelehrter Mann, kurzsichtig, kränklich und stets schlecht gekleidet, der bekannt war für seine Horoskope. Er wuchs hinein in diese Zeit der geistigen Unruhe. Im protestantischen Graz arbeitete er als Mathematiklehrer, später als Assistent des dänischen Astronomen Tycho Brahe in dessen Sternwarte in Prag. Brahe, ein Großkotz mit herrischem Auftreten, hatte in unendlichen nächtlichen Sitzungen die Positionen hunderter Fixsterne neu bestimmt und die für Seefahrer unerlässlichen Navigationshilfen der Alfonsinischen Tafeln korrigiert. Als Mathematiker und Astronom am Hof Rudolfs II. in Prag gab er seinem Assistenten Kepler die Aufgabe, die Bahn des Mars zu bestimmen, der unberechenbar über den Himmel zu torkeln schien. Acht Jahre knackte Kepler an dieser Nuss. Er probierte und rechnete 70 verschiedene Kreisbahnen durch, bis er zu seinem eigenen Entsetzen die Lösung fand, die wissenschaftlich elegant und schlüssig, theologisch aber eine Katastrophe war: Die Bahn des Mars, wie auch die der anderen Planeten, war elliptisch. Die Sonne stand nicht mal im Mittelpunkt des eiförmigen Kreises, sondern in einem der zwei Brennpunkte.

Die Vollkommenheit der Himmelsmechanik des Aristoteles war dahin, die Epizykel des Ptolemäus beseitigt, am Himmel herrschte Chaos, da, wie Kepler obendrein entdeckte, jeder Planet auch noch mit wechselnden Geschwindigkeiten um die Sonne flog. Der kurzsichtige Mann aus Weil hatte mit seinen Berechnungen die mittelalterliche Welt beunruhigt. Kepler hatte allerdings keine Gelegenheit, die Welt auch davon zu überzeugen – er musste seine Mutter verteidigen, als sie der Hexerei bezichtigt wurde, er stritt um Honorare, um seine Kinder versorgen zu können (unter anderem mit dem Kriegsherrn Albert von Wallenstein, dem er als Privatastrologe diente), und sein bester Freund wurde ermordet. Am 15. November 1630 starb er fast unbeachtet. Nicht einmal die katholische Kirche hatte ihren Bannstrahl gegen Johannes Kepler ausgeschickt. Er hatte das Glück – und Pech –, dass im konfessionell zerstrittenen Deutschland keine Obrigkeit gegen ihn vorging.

Ganz anders bei dem großen Galileo Galilei, dem Universalgelehrten aus Pisa und intellektuellen Star Italiens, der

Brahe bewies durch Beobachtung, dass Kometen von jenseits des Mondes stammen (Foto: Komet Hale-Bopp, 1997).

Galileo Galilei (1564–1642) konnte durch den Einsatz des Fernrohrs die Theorien von Kopernikus in der Praxis nachvollziehen.

mit dem 1608 vom holländischen Brillenmacher Hans Lippershey erfundenen Fernrohr erstaunliche Entdeckungen machte. Er sah als erster Wissenschaftler die raue Oberfläche des Mondes, entdeckte 1610 die vier großen Monde des Jupiter und lieferte mit der Beobachtung der Venus endlich den praktischen Beweis für das heliozentrische Weltbild. Diese Entdeckungen, veröffentlicht im „Sidereus Nuncius" (Sternenbote) von 1610, machten Galilei auf einen Schlag berühmt – und unbeliebt bei der katholischen Kirche. Er wurde aufgefordert, seiner ketzerischen Lehre abzuschwören. Im Juni 1632 stellte ihm die Kirche ein Ultimatum: Entweder er spreche nun die Wahrheit, oder man werde ihn foltern. Am 22. Juni 1633 wurde er in das Kloster Santa Maria gebracht und darüber in Kenntnis gesetzt, dass er „der Häresie verdächtigt" sei. Er musste seiner Lehre öffentlich abschwören. Unmittelbar danach wurde er unter Hausarrest gestellt – bis an sein Lebensende im Januar 1642. Erst im Oktober 1992 gestand eine päpstliche Kommission den Irrtum des Vatikans ein, und Galileo Galilei wurde offiziell rehabilitiert.

Kopernikus, Brahe, Kepler und Galilei hatten alle ihren Teil zu einem neuen Weltbild beigesteuert, das endgültig die Sonne ins Zentrum setzte und die Planeten um sie kreisen ließ. Die Phasen des Mondes und seine Bewegung um die Erde waren erklärt, es war bekannt, dass seine Oberfläche von Bergen und Tälern durchzogen ist. Spätestens seit Tycho Brahe 1576 nachgewiesen hatte, dass Kometen Geschosse sind, die durch das ganze Planetensystem fliegen, war das Ptolemäische System der Kristallsphären endgültig zerschlagen. Was aber dann, war nun die eine große Frage, was hält die Planeten in Bewegung, wenn sie um die Sonne kreisen?

Isaac Newton, ein Jahr nach dem Tode Galileis geboren, ein gläubiger Mann mit schweren Neurosen, löste dieses damals letzte Rätsel. Die Entdeckung der universellen Schwerkraft, nach der alle

Körper im Weltraum und auf der Erde unter der Wirkung einer Kraft, der so genannten Gravitation, stehen, machte Newton zum naturwissenschaftlichen Weltstar und begründete die moderne Wissenschaft. Was sich auf Erden abspielt, das war seine revolutionäre Erkenntnis, unterliegt den gleichen Gesetzen wie der gesamte Kosmos. Alles wird von einer universellen Kraft gelenkt, der Schwerkraft bzw. Gravitation. Newton fand deren Gesetz: Sie nimmt, ebenso wie die Intensität des Lichts (und die Kraft eines Magneten oder einer elektrischen Ladung) mit dem Quadrat der Entfernung ab. Mit Newtons Gesetz konnten Keplers Gesetze zwanglos erklärt und mathematisch abgeleitet werden. Newton, ein Kauz, der immer knapp am Verhungern war, weil er das Essen vergaß und der allein, nur in Gesellschaft einer fettleibigen Katze, lebte, wurde der erste Weltstar der Wissenschaft.

Die über 5000 Jahre währende Geschichte der Astronomie ist die Geschichte des immer kleiner werdenden Menschen. Auf der Suche nach seinem Platz in dieser Welt hat er am Anfang geglaubt, in der Mitte zu stehen, in einem Kosmos, in dem ihn alles umkreist und nur Gott größer ist als er.

Unser Wissensstand heute ist, dass Homo sapiens Bewohner eines mittleren Planeten eines mittelgroßen Sonnensystems am Rand einer mittelgroßen Galaxie ist, einer Galaxie, von der es im gesamten Weltall etwa 100 Milliarden gibt. Und es ist sehr wahrscheinlich, dass wir nicht mal einzigartig sind. Es ist sogar zu erwarten, dass außerirdische Intelligenzen uns weit überlegen sein könnten und unser Selbstbewusstsein stark in Frage stellen könnten. Macht es uns Menschen nicht äußerst sympathisch, dass wir trotz dieser nicht enden wollenden Kränkung immer tiefer in das Universum vorstoßen wollen?

Bücher zum Thema

Jürgen Hamel:
Geschichte der Astronomie.
©Kosmos Verlag.
Stuttgart 2002

John North:
Viewegs Geschichte der Astronomie und Kosmologie.
©Springer Verlag.
Berlin 2001

Thomas Bührke:
Sternstunden der Astronomie.
©C.H. Beck Verlag.
München 2001

Unsere Nachbarn im All

Die Erde umkreist mit acht Geschwistern und einer Schar kleinerer Materiebrocken die Sonne, unser Muttergestirn. Mit einem Geschwader von Sonden erkunden Forscher seit Jahrzehnten dieses SONNENSYSTEM, enthüllen die Geheimnisse bizarrer Welten und suchen selbst auf kleinen Monden nach Spuren von Leben.

Seit Mitte 2004 erforscht der Roboter Cassini den Saturn, den zweitgrößten Planeten unseres Systems. Vor allem die spektakulären Ringe soll er unter die Lupe nehmen.

Lodernder Feuerball

Eine Teleskopaufnahme zeigt das Flammenmeer auf der Sonne, die in 150 Millionen Kilometern Entfernung von der Erde ihre nuklearen Energien entfesselt. Im dunklen Fleck auf der Oberfläche des Zentralgestirns herrschen sehr viel niedrigere Temperaturen als in der Umgebung. Ursache für diese Abkühlung sind magnetische Kräfte, die einen Teil des Wärmetransports aus dem Inneren nach außen behindern.

Himmlisches Narbengesicht

Merkur, der sonnennächste Planet unseres Systems, ist über und über mit Kratern bedeckt – Einschlaglöcher von Asteroiden und Kometen. Die Temperaturen auf der felsigen Oberfläche schwanken zwischen minus 183 und plus 427 Grad Celsius. Die Nasa-Sonde Messenger, im August 2004 gestartet, soll ihn im Jahr 2011 erreichen und erforschen.
Rechts eine Fotomontage dieses Raumlabors und seines Ziels in gleißendem Sonnenlicht.

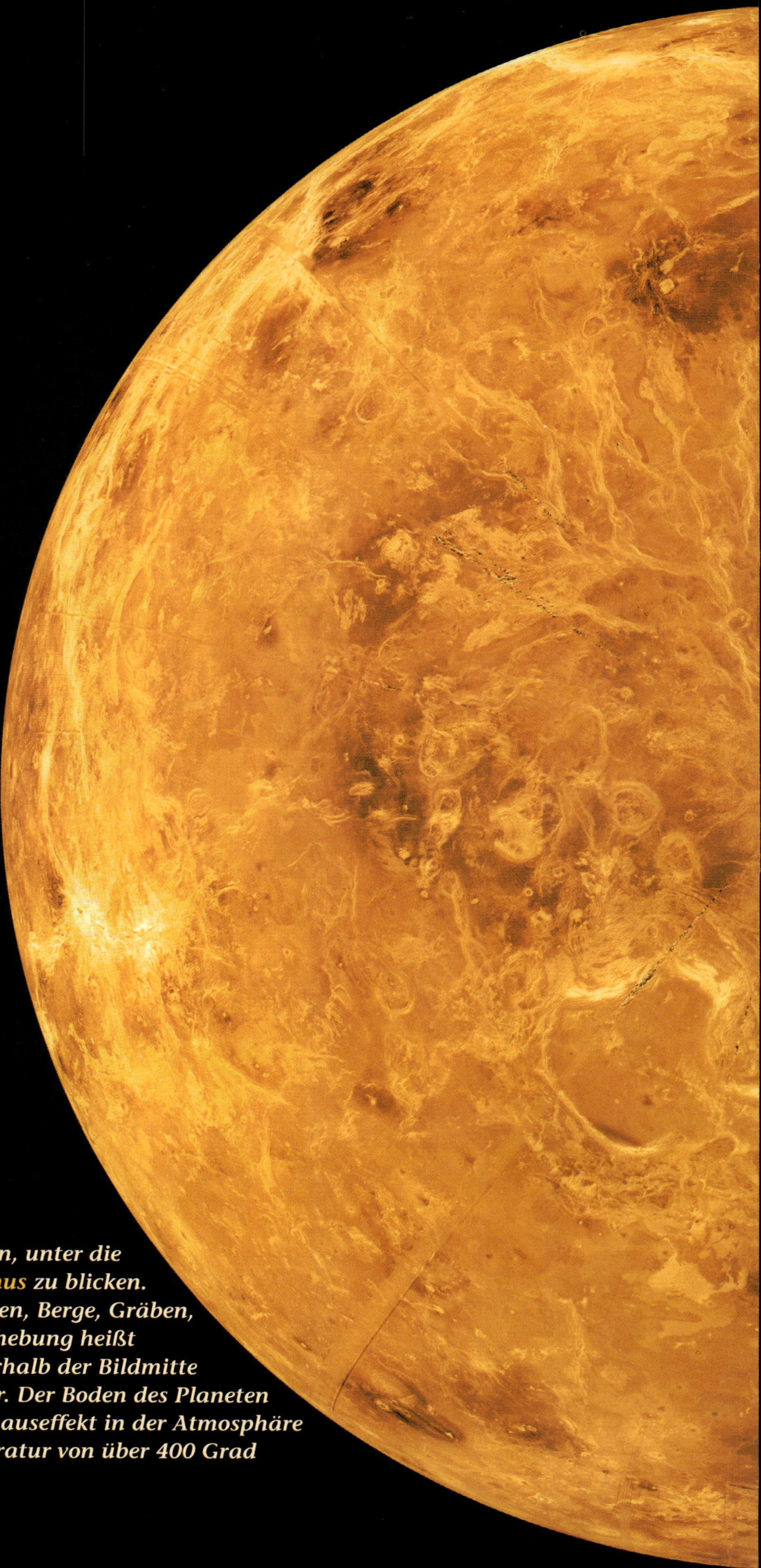

Heißer Stein

Mit Hilfe von Radar gelang es Forschern, unter die stets geschlossene Wolkendecke der Venus zu blicken. Sie entdeckten dort sanft gewellte Ebenen, Berge, Gräben, Krater und Lavarinnen. Die höchste Erhebung heißt Maxwell Montes – als heller Fleck unterhalb der Bildmitte sichtbar – und ragt 11 Kilometer empor. Der Boden des Planeten glüht dunkelrot, weil ein starker Treibhauseffekt in der Atmosphäre die Oberfläche auf eine mittlere Temperatur von über 400 Grad Celsius aufheizt.

Rostiger Nachbar

Die Oberfläche des Planeten Mars ist eine steinige Wüste – oxydiertes Eisen gibt ihr die rote Farbe. Diese Aufnahme machte im Januar 2004 der Nasa-Rover Spirit. Der Horizont scheint geneigt, weil der Roboter ein wenig schräg steht. Im Vordergrund ist einer der Airbags zu sehen, die Spirit bei der Landung abfederten. Der schlaffe Beutel ist von Staub bedeckt, weil heftige Stürme den Marsboden immer wieder aufwühlen.

Oase im All

Ein Himmelsball, bei dem selbst abgeklärte Astronauten immer wieder außer sich geraten – die Erde, unsere Heimat im Weltraum. „Die schönste Kugel, die du dir vorstellen kannst", schwärmte der Amerikaner James Irwin nach seinem Apollo-15-Flug, „dieses warme lebende Objekt sah so zerbrechlich aus, so zart, als ob es zerkrümeln würde, wenn man es mit dem Finger anstößt." Hier ein simulierter Blick von einem Asteroiden, der durch den Raum fliegt.

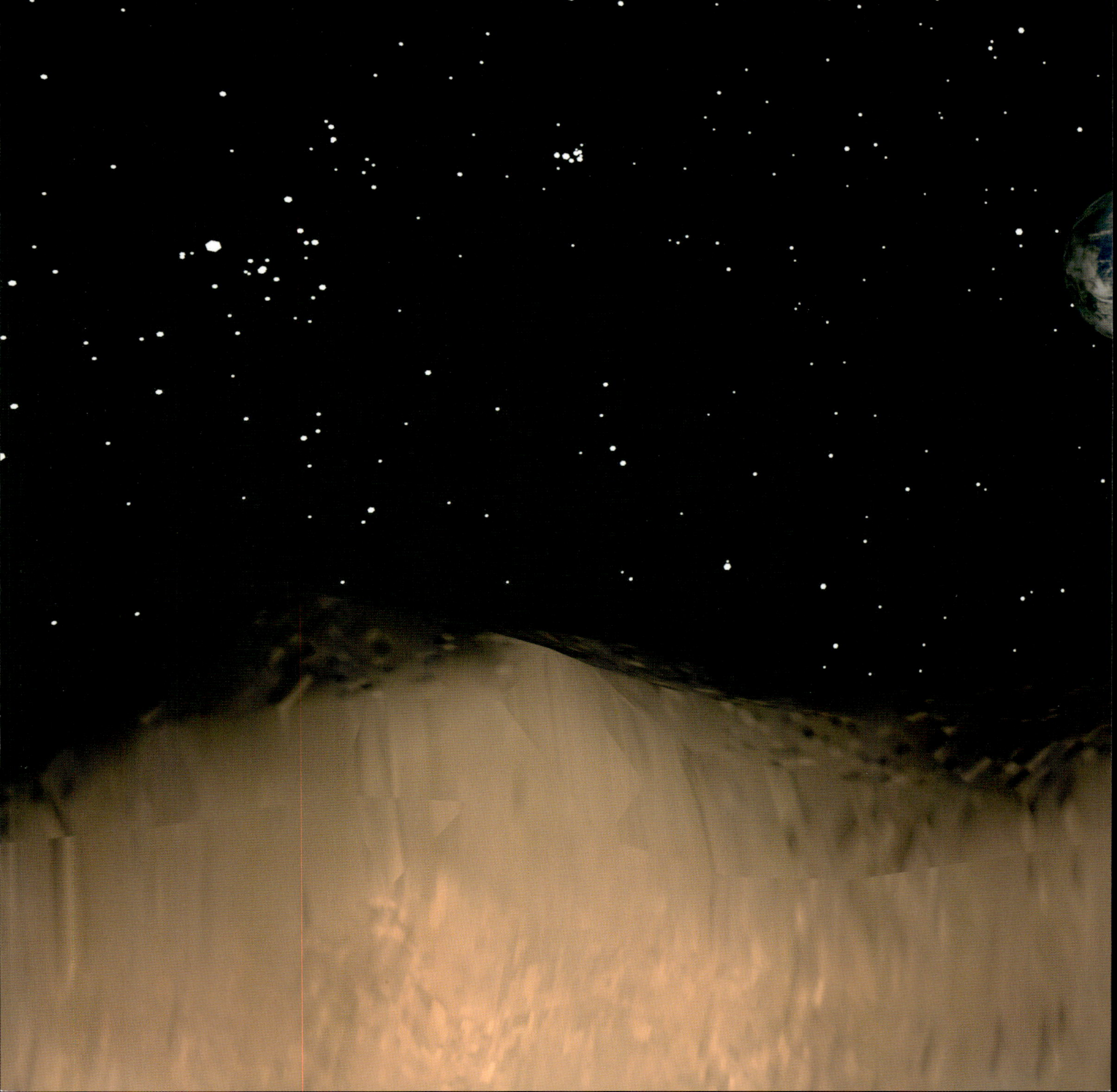

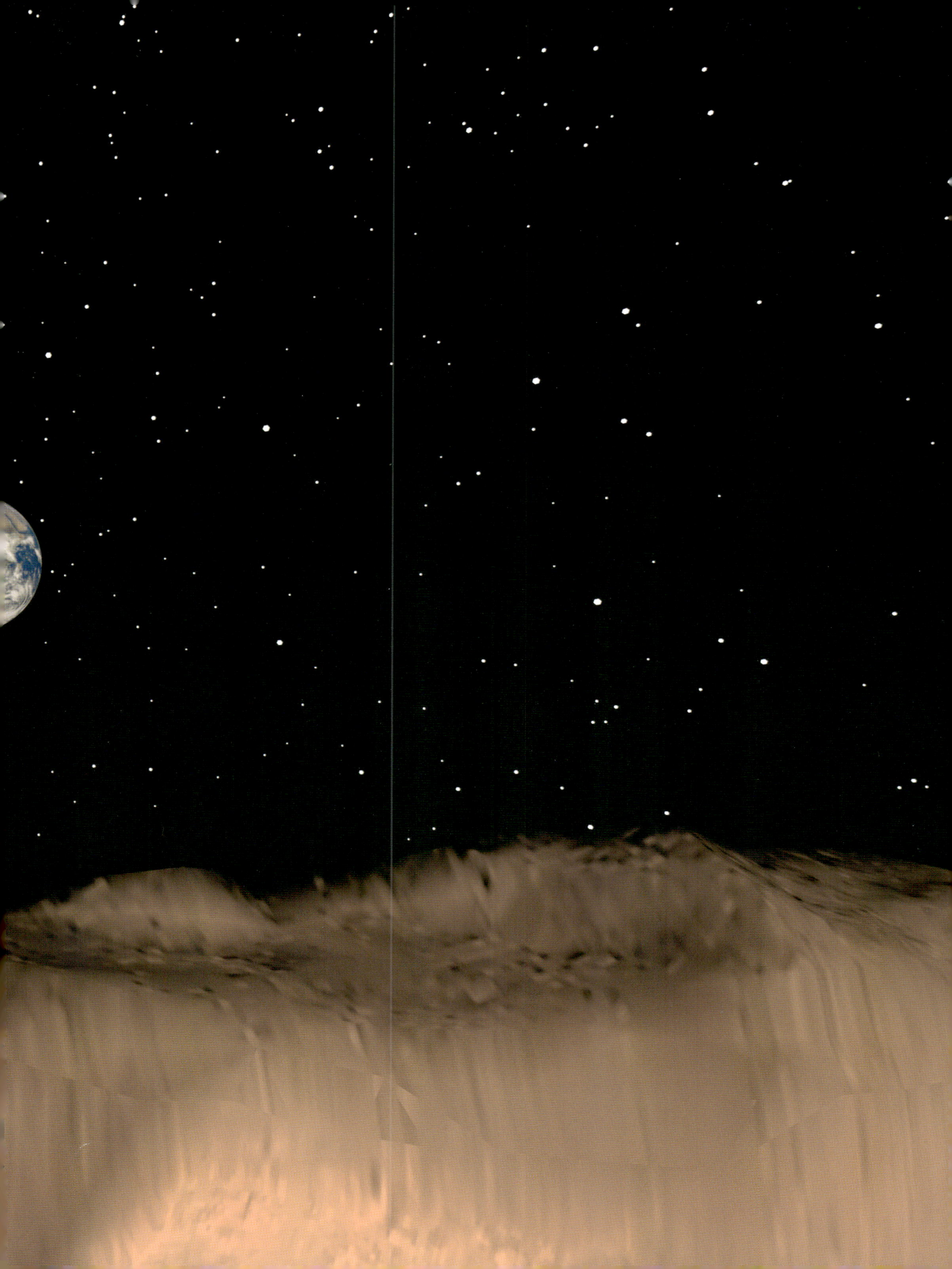

Turbulente ferne Welt

Eine dichte Atmosphäre aus Wasserstoff und Helium umhüllt Jupiter, den größten Planeten des Sonnensystems. Der Große Rote Fleck ist ein seit Jahrhunderten in dieser Gashülle tobender Wirbelsturm von 26 000 Kilometern Länge und 13 000 Kilometern Breite. Zum Vergleich: Der Durchmesser der Erde beträgt 12 700 Kilometer.

Im Reich der Ringe

Im November 2004 fotografierte die Sonde Cassini den Mond Mimas vor der Kulisse des faszinierenden Ringsystems, das den Planeten Saturn umspannt. Diese „Bauchbinde" besteht aus mehr als 100 000 einzelnen Reifen, dazwischen größere und kleinere Lücken. Bis heute wurden 33 Monde der Himmelskugel entdeckt. Mimas gehört mit einem Durchmesser von knapp 400 Kilometern zu den größeren.

Schuss auf einen Vagabunden

Im Juli 2005 setzte die Nasa-Sonde Deep Impact im Weltraum ein Projektil ab, das mit großer Wucht in den Kometen Tempel 1 schlug. Beim Aufprall sprühte eine gewaltige Materiefontäne aus dem 14 Kilometer langen Himmmelsbrocken. Sie wurde von den Messgeräten der Sonde und zahlreichen Teleskopen analysiert, die weltweit auf dieses Feuerwerk im All gerichtet waren. So wollen die Wissenschaftler herausbekommen, wie die Klumpen aus Staub und Eis aufgebaut sind, die immer mal wieder durch unser Sonnensystem fliegen. Dramatischer als jedes Teleskop-Bild zeigt diese Nasa-Illustration den Einschlag.

Unser Sonnensystem

Um die Sonne kreisen neun Planeten: Merkur, Venus, Erde, Mars, Jupiter, Saturn, Uranus, Neptun und Pluto. Die vier sonnennahen Planeten sind relativ klein und fest, gebaut aus Gestein und Metallen. Die äußeren, deutlich größer, bestehen aus Gas, überwiegend Wasserstoff und Helium. Eine feste Oberfläche wie auf der Erde gibt es dort nicht, stattdessen einen Mantel aus flüssigen Gasen und Eis. Der Kern ist vermutlich fest. Einzig Pluto tanzt aus der Reihe: Der äußerste und zugleich kleinste Planet besteht aus Eis und Gestein.

Merkspruch für Reihenfolge der Planetennamen
Mein **V**ater **E**rklärt **M**ir **J**eden **S**onntag **U**nsere **N**eun **P**laneten

	SONNE	MERKUR	VENUS	ERDE	MARS
Entfernung zur Sonne/km*	–	58 Mio.	108 Mio.	150 Mio.	228 Mio.
Durchmesser/km	1 392 520	4878	12 104	12 756	6794
Masse (Erde**=1)	332 270	0,06	0,8	1	0,107
Oberflächentemperatur/°Celsius	+5512	–183 bis +427	+457	–89 bis +58	–100 bis +20
Laufzeit um die Sonne	–	88 Tage	225 Tage	365,25 Tage	687 Tage
Zahl der Monde	–	–	–	1	2
Dauer eines Tages***	25–36 Tage****	59 Tage	243 Tage	1 Tag	24,6 Stunden

INNERES SONNENSYSTEM

*mittlere Werte **Masse der Erde 5973^{18} Tonnen ***eine Drehung um sich selbst ****25 Tage am Äquator, 36 Tage an den Polen Quellen: Hans-Ulrich Keller: Astrowissen; dtv

Der Apparat ist groß wie ein Omnibus, voll gepfropft mit Computern, Kameras und Messinstrumenten, und rast mit mehr als 25 000 Kilometern pro Stunde durchs All. Umkreist auf elliptischer Bahn ein kosmisches Juwel: Saturn, den zweitgrößten Planeten unseres Sonnensystems.

Jedes Mal, wenn das Raumgefährt Cassini seine Daten zur 1,2 Milliarden Kilometer entfernten Erde funkt und sie nach fast 70 Minuten Laufzeit das Kontrollzentrum im kalifornischen Pasade-

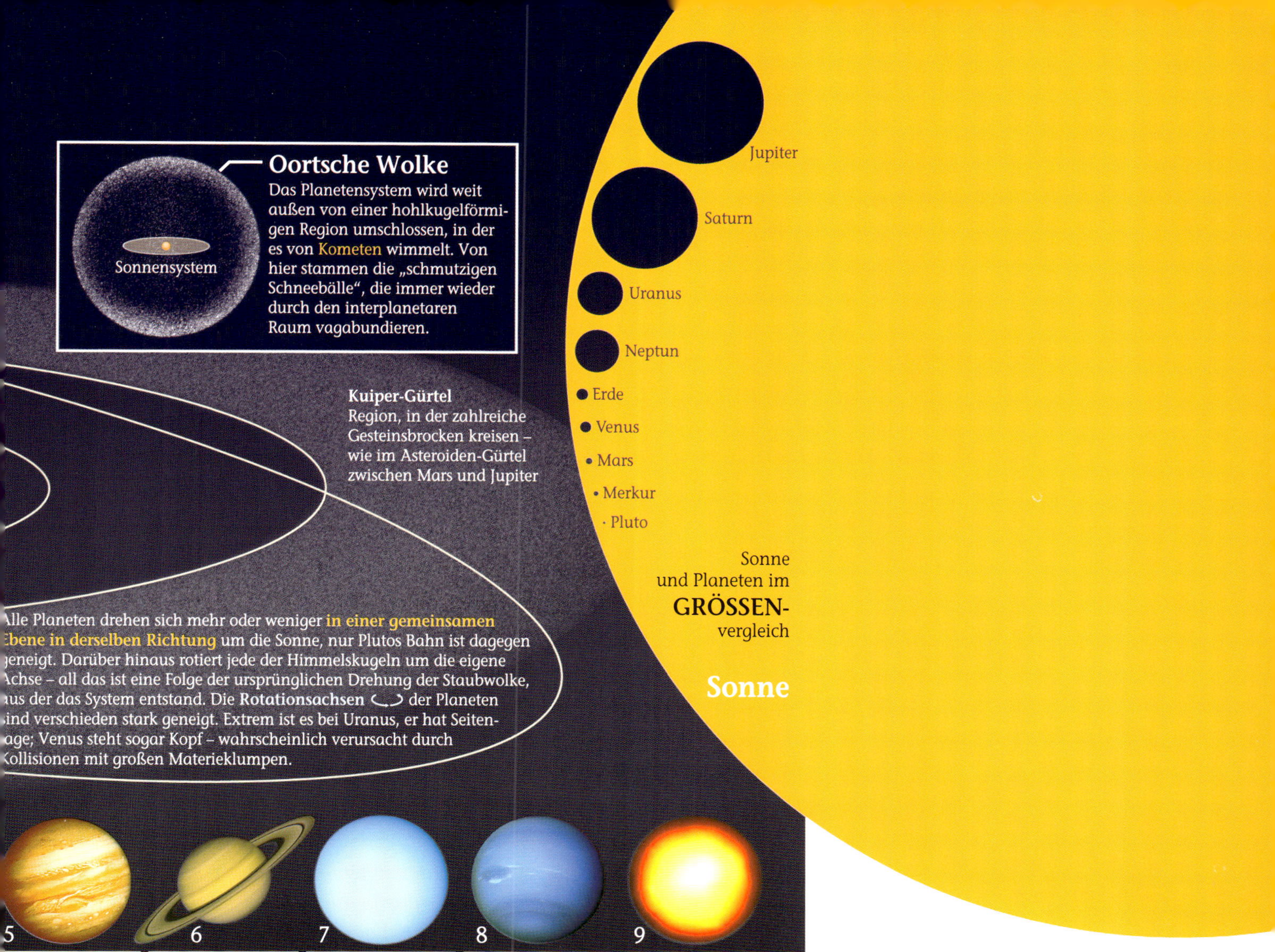

5 JUPITER	6 SATURN	7 URANUS	8 NEPTUN	9 PLUTO
779 Mio.	1432 Mio.	2884 Mio.	4509 Mio.	5966 Mio.
142 796	120 000	51 118	49 424	2300
317	95	15	17	0,003
–108	–139	–197	–200	–233
11,9 Jahre	29,5 Jahre	84,7 Jahre	165,5 Jahre	247,7 Jahre
61	33	27	13	1
9,9 Stunden	10,7 Stunden	17,2 Stunden	16,1 Stunden	6,4 Tage

ÄUSSERES SONNENSYSTEM

na erreichen, sind die Forscher begeistert. Besonders von den gestochen scharfen Aufnahmen des Ringsystems, das den Planeten umgibt. „Ich bin baff, wie schön und klar diese Bilder sind", schwärmt Carolyn Porco, Professorin am Space Science Institute in Boulder, Colorado. „Ich dachte zuerst, es seien Computersimulationen der Ringe und nicht die Ringe selbst."

Die Aufnahmen offenbaren kleinste Details des prächtigen Planetengürtels. Vor allem dieses Gebilde, das einer überdimensionalen Schallplatte ähnelt, wollen die Wissenschaftler mit Cassini erforschen. Noch immer birgt Saturn zahlreiche Rätsel. Ein Himmelsriese, der einen Durchmesser von 120 000 Kilometern hat und aus einem felsigen festen Kern sowie einer dicken Hülle aus flüssigem Wasserstoff besteht. In seiner Atmosphäre krachen Blitze nieder, die eine Million mal stärker sind als auf der Erde.

Zwar wissen Astrophysiker inzwischen, dass die Ringe des Planeten von kleinen Brocken aus Fels und Eis gebildet werden. Wenige Zentimeter bis mehrere Meter sind sie groß und umfliegen die Kugel in einer Scheibe von nur 1,5 Kilometern Dicke.

Doch noch ist beispielsweise unklar, wie diese seltsame Bauchbinde einst entstand. Sind es Überbleibsel aus der Entstehungsphase? Oder sind es Trümmer von Saturnmonden, die von heranfliegenden Asteroiden zerfetzt wurden? In diesem Fall könnte die übrigen Trabanten ein ähnliches Schicksal ereilen. 31 Monde des Planeten waren Astrophysikern bisher bekannt. Nun entdeckte Huygens zwei weitere; die Forscher sind überzeugt, dass der Späher noch mehr finden wird.

Fast sieben Jahre lang war die Sonde unterwegs, Ende Juni 2004 schwenkte sie in ihre Bahn um den Saturn. Sie wird außer den Ringen auch das Magnetfeld des Himmelskörpers erkunden, dessen Oberfläche und seinen Mantel aus flüssigem Gas.

„Es ist die anspruchsvollste Planetenmission, die je gestartet wurde“, verkündet stolz Nasa-Direktor Orlando Figueroa. 3,3 Milliarden Dollar hat das Projekt gekostet, ein Gemeinschaftswerk der amerikanischen und europäischen Weltraumbehörden.

Dabei ist der Roboter nur einer in einem ganzen Geschwader fliegender High-Tech-Labors, das Wissenschaftler in den vergangenen Jahrzehnten in den Weltraum geschossen haben und noch schießen werden, um unser Sonnensystem zu erforschen.

Inzwischen ist klar: Im All dreht sich ein Karussell. In seinem Zentrum strahlt die Sonne, um sie kreisen, gehalten von der Gravitationskraft des Muttergestirns, gewaltige Materiekugeln, die neun Planeten: Merkur, Venus, Erde, Mars, Jupiter, Saturn, Uranus, Neptun und Pluto. Astronomen haben sie nach der Götterwelt der alten Griechen und Römer benannt.

Die meisten Planeten wurden vor Jahrhunderten oder gar Jahrtausenden entdeckt, die äußeren jedoch nur dank verbesserter Fernrohrtechnik. Pluto gar erst 1930 durch den Vergleich von Himmelsaufnahmen der amerikanischen Flagstaff-Sternwarte – seither hat er gerade einmal eine Viertelumrundung der Sonne geschafft.

Die Ultraviolettkamera der Sonde Cassini fotografierte feinste Details der Saturnringe. Rot erscheinende Gebiete bestehen aus Feinpartikeln, blaue aus gröberen Eisbrocken.

Die Himmelsmaschinerie hat immense Dimensionen. Pluto, der kleinste der Planeten, besitzt einen Durchmesser von 2300 Kilometern, der größte, Jupiter, misst 143 000 Kilometer. Der bei weitem beeindruckendste Brocken aber ist das Zentrum: 1,4 Millionen Kilometer beträgt der Durchmesser der Sonne. Ihr Licht muss bis zum äußeren Planeten, Pluto, 7,4 Milliarden Kilometer zurücklegen, fast sieben Stunden benötigt ein Sonnenstrahl dafür. Ihre Bahnen durcheilen die neun Trabanten mit aber-

Olympus Mons, ein erloschener Vulkan auf dem Mars: Mit einer Höhe von 25 Kilometern – fast dreimal so hoch wie der Mount Everest – ist dies der größte Vulkan unseres Sonnensystems. Rechts zum Größenvergleich die Umrisse Deutschlands

witzigem Tempo; die Erde beispielsweise rast mit 30 Kilometern pro Sekunde (!) um das Muttergestirn – sehr viel schneller als ein Revolvergeschoss.

Jede Kugel des kosmischen Getriebes – zu den Planeten kommen noch die 138 bisher entdeckten Monde – ist eine bizarre Welt für sich, gestaltet durch vielerlei Faktoren: die chemischen und physikalischen Verhältnisse, die mögliche Existenz einer Atmosphäre, die jeweilige Strahlungsintensität der Sonne, die inneren und äußeren Kräfte. So formten sich Gefilde, die kein Science-Fiction-Autor besser hätte ersinnen können. „Die Oberflächen von Jupiter und Saturn sind giftige, übel riechende Welten, auf denen der Mensch keine Minute überleben könnte", sagt der Göttinger Astronomieprofessor Rudolf Kippenhahn. „So sind die Landschaften der Venus siedend heiße Höllen, mit Regen aus Schwefelsäure; selbst speziell dafür gefertigte Messkapseln müssen dort nach kurzer Zeit ihre Arbeit einstellen. In den Eiswüsten der äußeren Planeten und Monde", so Kippenhahn, „herrschen Temperaturen, welche die Polarzonen der Erde behaglich erscheinen lassen."

Der größte Planet unseres Systems, Jupiter. Sein Mond Io wirft einen dunklen Schatten auf die Atmosphäre des Gasriesen. Die Färbung der turbulenten Wolkengebilde kommt durch Kristalle gefrorenen Ammoniaks und Kohlenstoffverbindungen mit Schwefel und Phosphor zustande.

Wie und wann diese exotische Vielfalt einst entstand, dazu haben Astrophysiker inzwischen präzise Vorstellungen. Eine Fülle wissenschaftlicher Indizien, die sie penibel wie Kriminologen sammelten, erlauben Rückschlüsse und Rekonstruktionen. Und mit jedem Strom neuer Messdaten werden diese Theorien verbessert. Das Szenario, das Planetologen von der Geburt unseres Sonnensystems skizzieren, ist furios. „Vor etwa fünf Milliarden Jahren begann das kosmische Karussell seine Fahrt", sagt Professor Gregor Morfill, Direktor am Max-Planck-Institut für extraterrestrische Physik in Garching bei München, „das können wir aus der Altersbestimmung von Mond und Meteoritengestein folgern." Damals, so die Theorie, waberte eine dünne, aber riesige Wolke aus Staub und Gas durch einen kalten Winkel des Universums. Irgendwo weitab davon explodierte ein Stern. Die Stoßwelle dieser Supernova erreichte den Nebel, der vor allem aus Wasserstoff und Helium bestand. Der Druck verdichtete die Schwaden, langsam ballte sich in der rotierenden Wolke die Materie. Die Schwerkraft zog sie immer enger zusammen.

Unser Mond ist eine Gesteinskugel von knapp 3500 Kilometern Durchmesser. Die Oberfläche des Erdtrabanten ist mit Kratern überzogen, die von Asteroiden in der Frühzeit unseres Sonnensystems geschlagen wurden. Eine aschgraue Staubschicht liegt über allem.

Etwa 100 000 Jahre später entstand auf diese Weise im Zentrum ein monströser Klumpen, den in weiteren Jahrmillionen die Gravitation so sehr zusammenpresste, dass sich sein Inneres aufheizte – auf Temperaturen von mehreren Millionen Grad. In dieser Glut begannen Wasserstoffatome zu rasen; sie prasselten so heftig aufeinander, dass sie zu neuen Atomen, zu Helium, verschmolzen. Bei dieser Kernfusion entstand Strahlung. Das nukleare Kraftwerk, in dem sich weit mehr als 90 Prozent der Masse des ursprünglichen Nebels konzentrierten, begann zu leuchten – die Sonne.

Während im scheibenförmigen Rest der Wolke die Partikel schneller und schneller wirbelten, flachte sich die Scheibe immer stärker ab. Die Turbulenzen sorgten dafür, dass sich die Teilchen darin elektrisch aufluden, bis es vor Spannung nur so knisterte. Dann brach ein Mega-Gewitter los. „Gigantische Blitze, vielleicht mehrere Millionen Kilometer lang und zehn Kilometer dick“, vermutet Morfill, „zuckten durch die Materieschwaden.“

Diese Entladungen schmolzen Partikel und verklebten sie. Nur ein paar Millimeter groß, schätzt der Garchinger Astrophysiker, waren diese ersten Klümpchen. In der Scheibe stießen diese Teilchen zusammen, blieben aneinander haften, und bald zog die Schwerkraft sie zusammen, größere fingen kleinere ein.

Langsam wurden daraus kilometergroße Brocken. Die Dicken unter ihnen schwollen immer weiter auf Kosten des Restes an – die Planeten entstanden.

Da im ursprünglichen Nebel mit dem heißen Zentrum die Temperatur von innen nach außen abnahm, konnten in der Nähe des Kerns nur Stoffe kondensieren, die auch bei hohen Temperaturen fest blieben. Weiter außen konzentrierte sich, was schon bei niedrigen Graden gerann. So wurde in der Wolke sortiert. „Innen sammelten sich hauptsächlich Eisen und Silikate“, sagt Morfill, „in Sonnenferne Eis und die leichtflüssigen Gase.“

Auf diese Weise kam es zum unterschiedlichen Aufbau der Planeten. Sie lassen sich in zwei Gruppen einteilen. Einerseits die sonnennahen: relativ klein und fest, geformt aus Gesteinen und Metallen. Dann die äußeren: deutlich größer, aber weniger dicht, mit einem festen Kern und einem Mantel aus komprimiertem Wasserstoff- und Heliumgas.

Aufgrund der Rotation der ursprünglichen Staubwolke, aus der sich das System bildete, drehen sich heute alle Planeten mehr oder weniger in einer gemeinsamen Ebene in derselben Richtung um die Sonne. Wahrscheinlich waren es lokale Turbulenzen in jener Wolke, die dafür sorgten, dass jede der Kugeln auch einen Drall um ihre eigene Achse mitbekam.

Alles, was damals nicht zu Planeten verbacken wurde, scharte sich auf kosmischen Schuttplätzen – im Kuiper-Gürtel jenseits der Neptunbahn und im Asteroiden-Gürtel zwischen Mars und Jupiter. Dort kreisen kleinere, felsige Reste. Wenn im Asteroiden-Gürtel solche Brocken kollidieren, wird gelegentlich ein Trümmerstück heraus-

Anhand dieser Aufnahmen aus dem All spürten Forscher Sedna auf, ein weiteres Mitglied unseres Planetensystems. Die Serie wurde innerhalb weniger Stunden gemacht. Sedna ist jeweils mit einem Pfeil markiert.

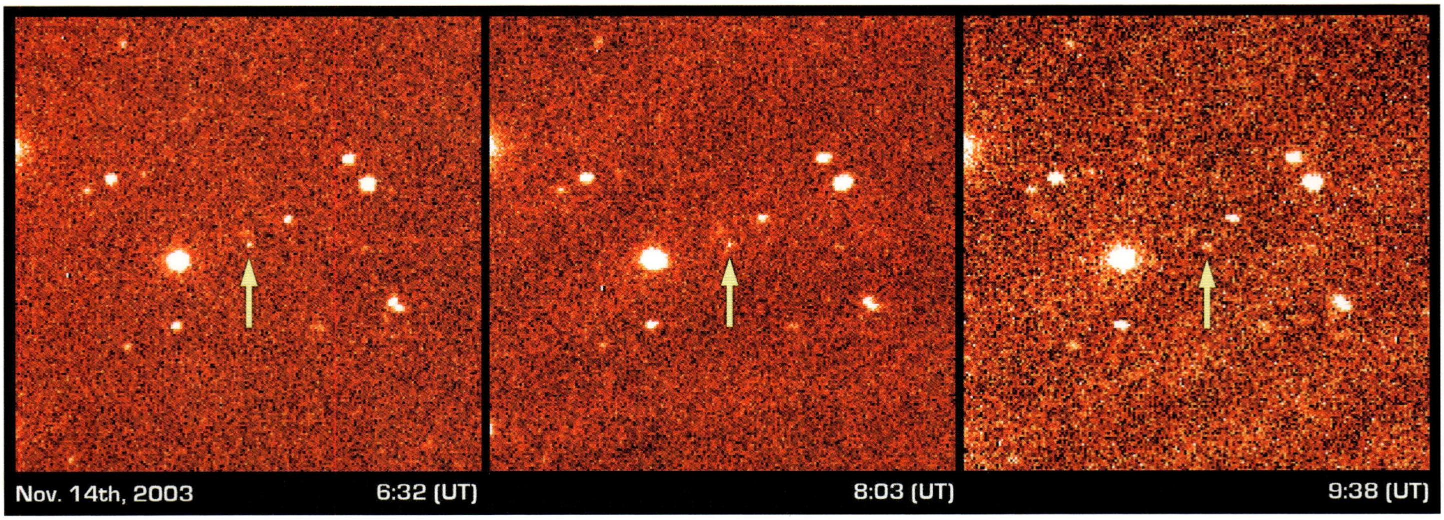

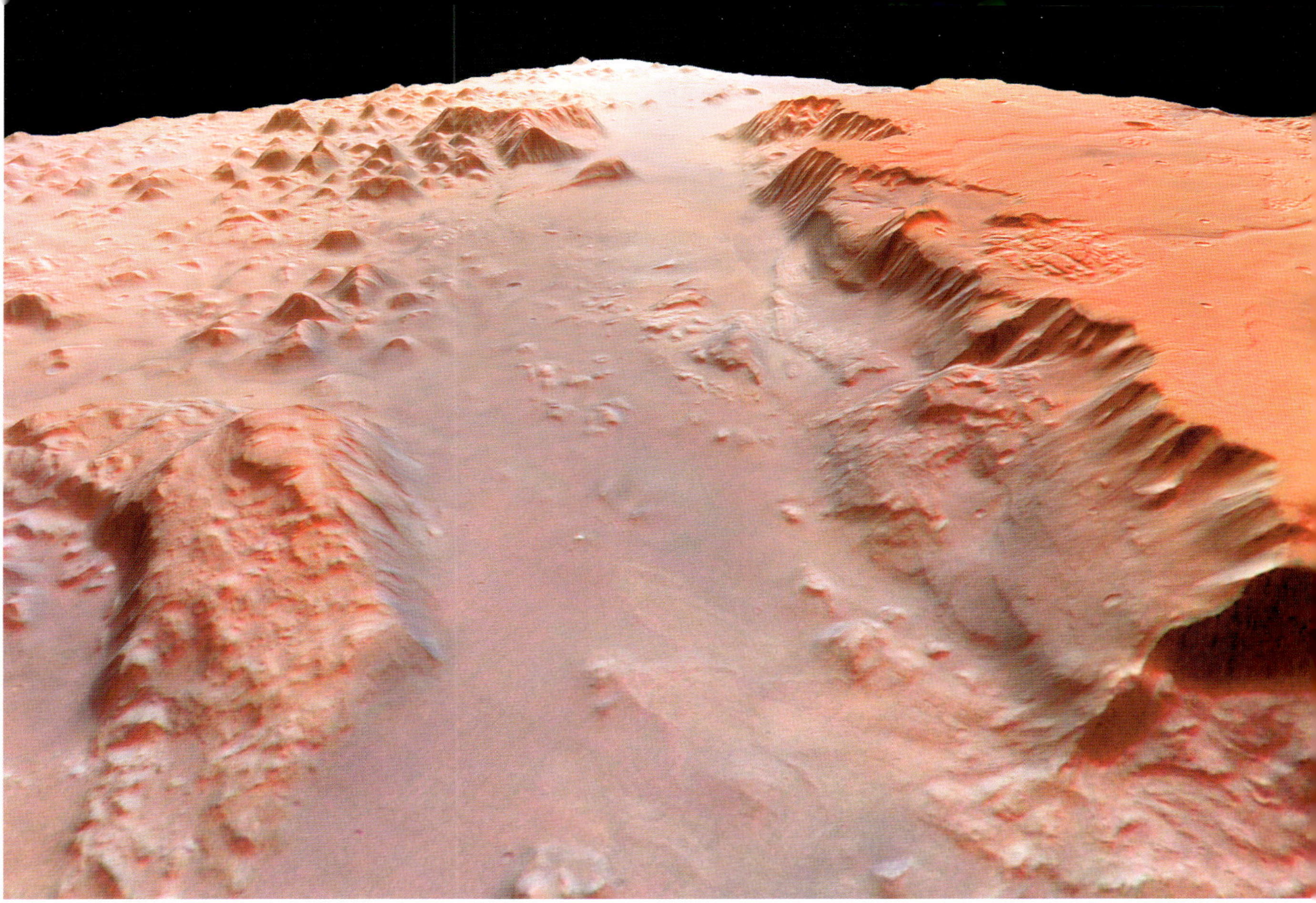

Valles Marineris auf dem Mars ist die größte Schlucht des Sonnensystems. Dieses Bild der Esa-Sonde Mars Express zeigt den südlichen Teil. Bei der elektronischen Bearbeitung des Fotos wurden die Höhen etwas angehoben, um alles noch plastischer erscheinen zu lassen.

gelenkt, rast dann als Geschoss durchs Planetensystem und kracht bisweilen auf einen der Himmelskörper. Solche großen Meteoriten sind auch für die Erde eine Gefahr. Mancher Mond, so glauben Astrophysiker, könnte dadurch entstanden sein, dass ihn ein Meteorit von einem Planeten abschlug oder einfach dadurch, dass sich ein Planet einen kompletten Meteoriten einfing.

Nicht immer ist die Klassifizierung der Körper eindeutig. So wird Pluto von manchen Astronomen gar nicht mehr zu den Planeten, sondern schon zu den Brocken des Kuiper-Gürtels gezählt: weil er so klein ist, im Gegensatz zu den anderen äußeren Mitgliedern des Sonnensystems aus festem Material besteht und zudem eine zur Hauptebene geneigte Bahn durchläuft. Und erst im November 2003 entdeckten US-Astronomen ein 1700 Kilometer großes Objekt, das sie Sedna tauften – weiter noch entfernt als Pluto. Bis heute ist sich die Fachwelt uneins, ob sie Sedna zu den Planeten, zum Kuiper-Gürtel oder gar schon zur Oortschen Wolke rechnen soll.

Jene mysteriöse Wolke ist ein Gebiet in Form einer Hohlkugel, die weit draußen unser gesamtes Sonnensystem umschließt – ebenfalls eine Art „Müllhalde“. Allerdings nicht für Felsstücke. Dort, so

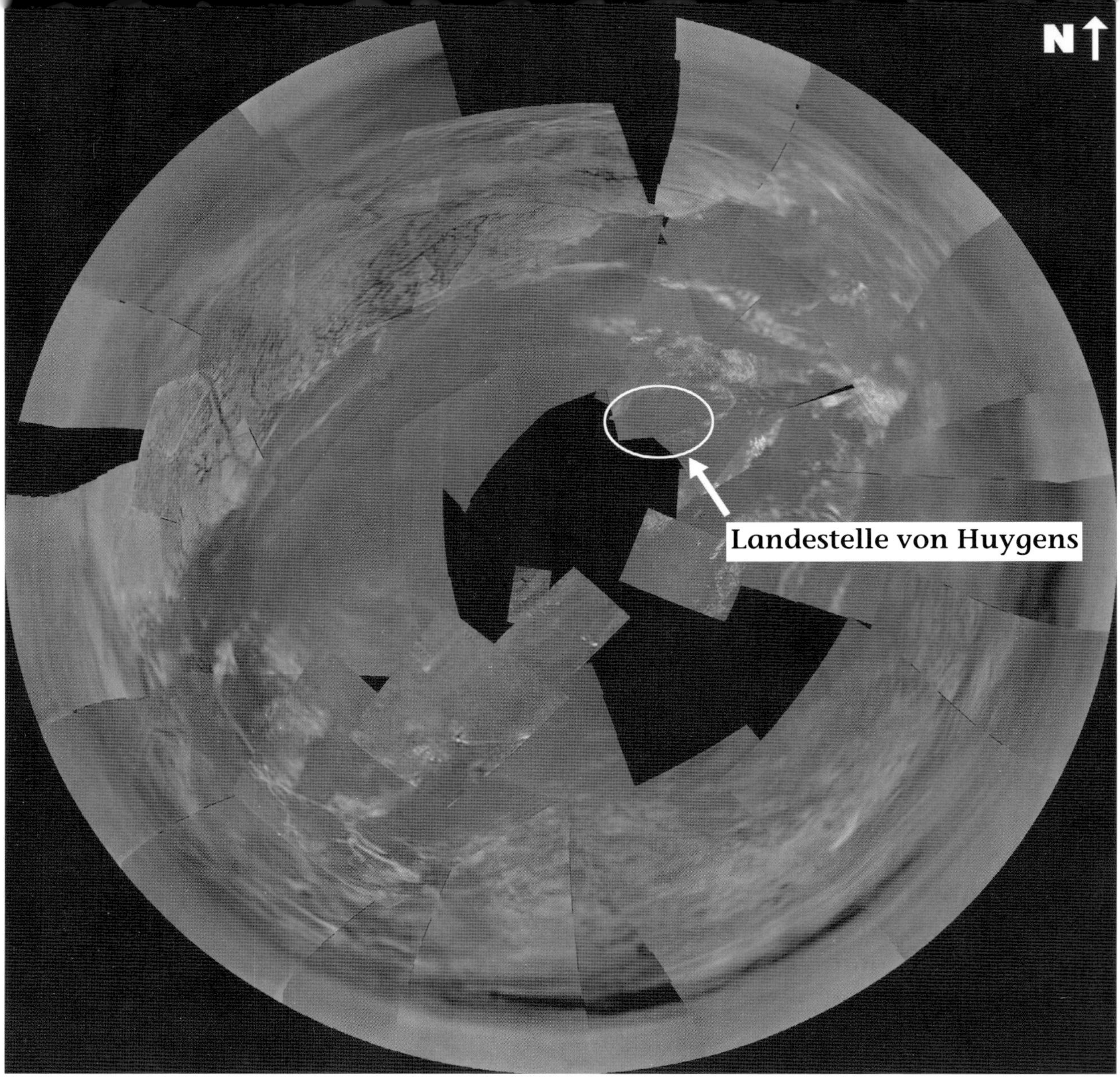

60 Einzelbilder, die Huygens beim Landeanflug auf den Saturnmond Titan aufnahm, wurden zu einem Mosaik der Titanoberfläche kombiniert. Helle Bereiche sind höher gelegen.

vermuten die Wissenschaftler, haben sich nach der Bildung des Planetensystems übrig gebliebene Brocken aus Staub und Eis gesammelt. Bisweilen brechen diese „schmutzigen Schneebälle“ aus und vagabundieren durch den interplanetaren Raum – das sind die Kometen.

Ob Planeten, Mond, Meteoriten oder Kometen – allesamt bieten sie Forschungsfelder, die intensiv von Astrophysikern beackert werden, um unser Bild von der Entstehung und dem Funktionieren des Sonnensystems stetig zu verbessern. Eines Systems, das neben allem anderem Staunenswerten besonders eine kosmische Kostbarkeit hervorgebracht hat: die Erde – die Heimat des Menschen im All. Ein Himmelsball, bei dessen Anblick selbst abgeklärte Astronauten immer wieder ins Schwärmen geraten. „Die Erde erinnerte uns an eine in der Schwärze des Weltraums aufgehängte Christbaumkugel“, berichtete nach seinem Apollo-15-Flug der Amerikaner James Irwin. „Die schönste Kugel, die du dir vorstellen kannst. Dieses warme, lebende Objekt sah so zerbrechlich aus, so zart, als ob es zerkrümeln würde, wenn man es mit dem Finger anstößt."

Eine Oase. Der einzige bisher bekannte Ort im Universum, an dem es Leben gibt. Der Abstand zur Sonne sorgt für Temperaturen, die flüssiges Wasser möglich machen. Die Gravitationskraft der großen Kugel erlaubt es, eine Atmosphäre zu halten, die wiederum ein moderates Klima schuf. Und ein Magnetfeld, das der Kern des Planeten erzeugt, schützt vor dem gefährlichen Partikelbombardement der Sonnenwinde. So konnte eine biologische Evolution einsetzen. In üppiger Vielfalt entwickelten sich Pflanzen und Tiere – und Homo sapiens.

Allerdings haben Wissenschaftler herausgefunden, dass noch an anderen Orten im Sonnensystem Organisches existieren könnte. Beispiel: unser Nachbar Mars. Der Planet, der etwa den halben Durchmesser der Erde hat, ist eine Wüste. Oft fegen gewaltige Sandstürme mit bis zu 400 km/h über die Landschaft, hüllen die gesamte Kugel ein. Auf der Oberfläche klaffen die Krater erloschener Vulkane, deren Ausmaße alle irdischen weit übertreffen. Olympus Mons etwa, 25 Kilometer hoch und 600 Kilometer breit, ist der größte Vulkan unseres Sonnensystems. Auch der größte Canyon aller neun Planeten liegt auf dem Mars: Valles Marineris, sieben Kilometer tief und 4000 Kilometer lang.

Dieses Radarbild von Titans Oberfläche machte Huygens aus einer Höhe von etwa 12 000 Kilometern. Der Ausschnitt zeigt eine 300 mal 150 Kilometer große Fläche auf der Nordhalbkugel. Zerklüftete Landschaftsstrukturen wurden rot, glatte Flächen grün eingefärbt.

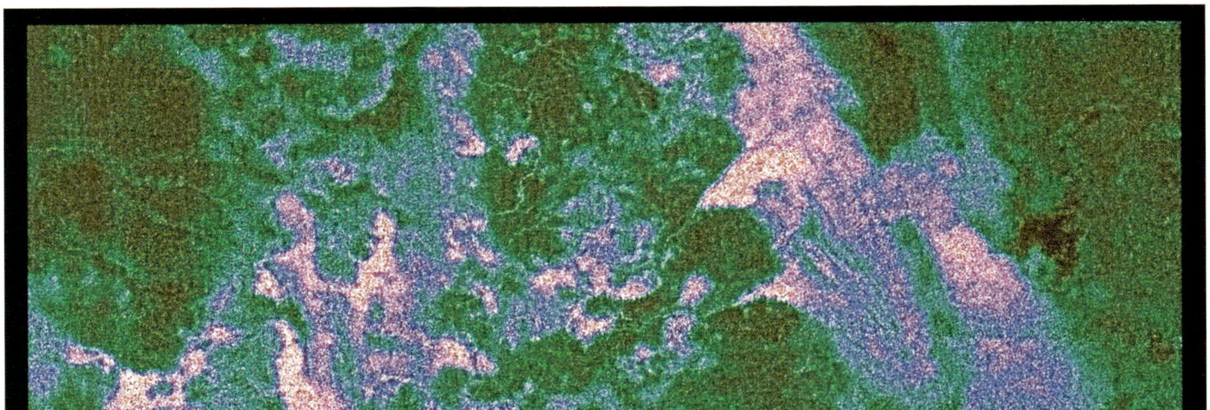

Diese Aufnahme lässt einen Riesenkrater erkennen, den Huygens auf dem Saturnmond Titan entdeckte. Vermutlich hat einst ein Asteroid dieses „Loch" geschlagen.

Ganz so lebensfeindlich, wie diese Welt erscheint, ist sie jedoch nicht. Sonden haben Wasser auf dem Wüstenplaneten entdeckt, in Form von ausgedehnten Eisvorkommen direkt unter der Oberfläche. Dieses Eis, so die Theorie der Wissenschaftler, schwappte einst als Meer auf dem Planeten. Denn vor Milliarden von Jahren war das Klima dort sehr viel milder als heute, weil damals ein Treibhauseffekt die Atmosphäre aufheizte. Eine eindrucksvolle Bestätigung für diese Hypothese lieferten jetzt die Nasa-Rover Opportunity und Spirit, die seit Anfang 2004 den Mars inspizieren. Sie fanden Gesteine, die mit flüssigem Wasser in Berührung gekommen sein müssen.

Ob sich in diesem Milieu damals auch Leben entwickelt hat, bleibt weiterhin ein Rätsel. Vielleicht in primitiven Formen, die inzwischen ausgestorben sind oder sich verkrochen haben. „Es gibt durchaus vernünftige Gründe zu glauben, dass sich auf dem Mars noch heute lebende Organismen finden lassen", sagt Gerda Horneck, Exobiologin vom Deutschen Zentrum für Luft- und Raumfahrt in Köln. Die Entdeckung auch nur einer einzigen biologischen Zelle wäre eine Sensation.

Als weitere „Perle" des Sonnensystems haben die Forscher Europa im Visier, einen der 61 Monde des Jupiter. Europa hat etwa die Größe des Erdmondes und wird von einem dicken Panzer aus Wassereis umschlossen; Oberflächentemperatur: minus 150 Grad. Unter der Eisdecke schlummert vermutlich ein 200 Kilometer tiefer Ozean aus Wasser. Das schließen Astrophysiker aus Messdaten der Sonde Galileo, die 1995 den Trabanten observierte. Weil Jupiters Gezeitenkräfte das Innere von Europa aufheizen, können sich Planetologen vorstellen, dass in den Fluten, wie in der irdischen Tiefsee, Mikroorganismen existieren – Frühformen einer Evolution. In den Schubladen der Nasa schlummern deshalb Pläne, eines Tages mit einem Roboter dort zu landen. Er soll sich durch den Eismantel schmelzen, abtauchen und im Meer nach Lebensspuren suchen.

Von ganz besonderem Interesse schließlich ist Titan, der größte Mond des Saturn. Der Trabant mit einem Durchmesser von 5100 Kilometern ist der einzige bekannte Mond in unserem Planetensystem, der eine Atmosphäre besitzt. Eine äußerst geheimnisvolle Welt. Denn in der Gashülle, so vermuten Wissenschaftler, geht es zu wie in einer Hexenküche. Mattes Licht fällt ihren Vorstellungen zufolge durch die bräunliche Wolkendecke, daraus rieselt Dauerregen aus Stickstoff und Blausäure nieder. Ein Meer aus flüssigem Erdgas tost um Landschaften aus Eis und Gestein. Aus Sümpfen blubbert Ammoniak, und ab und zu schlägt ein Komet oder Meteorit durch die Atmosphäre und versinkt glucksend im zähflüssigen Morast.

Wahrscheinlich ähneln die Zustände dort chemisch der Ur-Atmosphäre auf unserer Erde vor Milliarden von Jahren; und vermutlich laufen dort ähnliche Reaktionen ab wie damals auf unserem Globus, als sich aus einer Ursuppe komplexe chemische Bausteine bildeten, die sich im Laufe der Zeit zu einfachen biologischen Verbänden organisierten und schließlich Leben entstehen ließen. Bei minus 180 Grad Durchschnittstemperatur allerdings dürfte es zu kalt sein für eine biologische Evolution auf Titan.

Huygens fotografierte im Januar 2005 Klumpen nahe der Landestelle auf Titan. Die Brocken im Vordergrund sind vier bis 15 Zentimeter breit.

Anfang 2005 gelang es nun erstmals, diese ferne Welt genau unter die Lupe zu nehmen. Dazu trennten die Experten von Nasa und Esa per Funkbefehl von der Saturnsonde Cassini die Einheit Huygens ab, die bis dahin huckepack mit dem Raumgefährt mitgeflogen war. Während Cassini weiterhin den Planeten inspiziert, entfernte sich die 340 Kilo schwere Kapsel Huygens vom Mutterschiff zu Titan. Mit 20facher Schallgeschwindigkeit raste sie zunächst auf den Mond zu; der Hitzeschild musste beim Eintritt in die Atmosphäre Temperaturen von mehr als 1500 Grad aushalten. An drei Fallschirmen schwebte dann das Forschungslabor weiter durch den Dunst des Himmelskörpers, Winde schüttelten den Apparat kräftig durch. Am 14. Januar setzte er auf der Oberfläche auf.

Zwar fiel einer der beiden Funkkanäle von Huygens aus. So gingen zahlreiche der 700 während des Sturzfluges von der Bordkamera gemachten Bilder verloren. Doch selbst das, was noch übrig blieb und von den irdischen Radioteleskopen empfangen wurde, begeisterte und erstaunte die Forscher. Teilweise ähnelten die

Aufnahmen denen vom Mars – mit dem Unterschied, dass offenbar in der Landschaft von Titan keine Felsbrocken herumliegen, sondern Klumpen aus Eis. Und es wirkt, als seien sie ein wenig eingesunken; ein Indiz dafür, dass es sich wohl um einen morastigen Untergrund handelt.

Darüber hinaus zeigen die Aufnahmen Überschwemmungsgebiete mit Kanalsystemen. „Mich verblüfft, wie sehr die Bilder unseren Landschaften auf der Erde ähneln“, sagt Martin Tomasko, Chef des Huygens-Kamerateams, „wir sehen Küstenlinien, Spuren von Erosionen und Flüssigkeiten. Und das an einem Ort, der zehnmal weiter von der Sonne entfernt ist, als wir es sind.“ Fasziniert waren die Forscher zudem von den akustischen Aufzeichnungen der Sonde. Da klopfte und jaulte es deutlich – wahrscheinlich Geräusche von starken Windböen.

Zur Überraschung aller arbeitete Huygens nach seiner Landung noch 70 Minuten weiter. Die Missions-Manager hatten im Vorfeld nicht an ein weiches Niedergehen zu hoffen gewagt und selbst für diesen äußerst unwahrscheinlichen Fall nur noch mit wenigen Minuten Funkkontakt gerechnet. So konnten die Sensoren und Instrumente des Spähers zahlreiche Daten über die Umgebung der Aufschlagstelle sammeln und zur Erde senden. Mit ihnen werden nun die Astrophysiker ihre bisherigen Vorstellungen vom Saturnmond bestätigen können oder aber revidieren müssen.

Doch für die komplizierte Auswertung der Messergebnisse benötigen die Wissenschaftler noch Jahre.

Bücher zum Thema

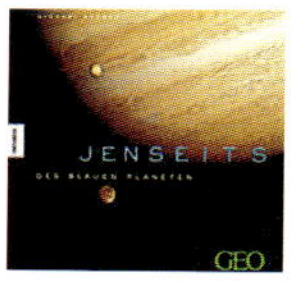

Michael Benson:
Jenseits des blauen Planeten.
©Knesebeck Verlag.
München 2004

Leopoldo Benacchio:
Der Himmelsatlas.
©Frederking & Thaler Verlag.
München 2003

Hans-Ulrich Keller:
Astrowissen – Zahlen, Daten & Fakten
©Kosmos Verlag.
2. Auflage
Stuttgart 2003

Heather Couper/ Nigel Henbest:
Der Weltraum.
©Dorling Kindersley Verlag.
Starnberg 2000

Der Tod der Sonne

In wenigen Milliarden Jahren ist alles aus. Doch schon lange vorher wird die Erde eine unbewohnbare Wüste sein und das Leben auf ihr erlöschen.

Vor fünf Milliarden Jahren wurde unser Planetensystem geboren, in fünf Milliarden Jahren wird es untergehen. Den Tod bringt die Sonne. Wenn in ihr aller Wasserstoff zu Helium verschmolzen ist, frisst sich das atomare Feuer in die äußeren Bereiche des Gasballs, und das Gestirn schwillt langsam an. Sein Durchmesser wächst auf das Hundertfache, die Leuchtkraft auf das Vieltausendfache. Die Sonne wird zum „Roten Riesen", die Erde zu einer glühend heißen Wüste.

„Weitaus früher, vielleicht schon in 500 Millionen Jahren", sagt Astrophysiker Ralf Napiwotzki von der University of Leicester, „wird es auf der Erde durch die stärkere Strahlung des Zentralgestirns so warm werden, dass die Eismassen der Pole schmelzen und von den Ozeanen immense Dampfschwaden aufsteigen." In einer Milliarde Jahre sind die Meere verdunstet, und die Erde ist zu einer leblosen Wüste verdorrt. Schließlich, wenn sich die Sonne auf maximale Größe gebläht hat, werden etwa 1000 Grad Celsius auf Erden herrschen. Dann rotiert der ehemals Blaue Planet als glühende Kugel so nahe um den roten Gasball, dass er ihn fast berührt. Die Atmosphäre des Globus hat der Rote Riese längst vernichtet. Bald werden selbst auf den heute eiskalten sonnenfernen Planeten Pluto und Neptun Temperaturen herrschen wie jetzt in der Wüste Sahara.

Irgendwann bläst die Sonne ihre Hülle innerhalb einiger hunderttausend Jahre ins All. Danach erlöschen alle Kernreaktionen. Zurück bleibt ein weiß glühender, relativ kleiner Kern – eine Sternenleiche etwa von der Größe unserer Erde. Dieser Rest hat eine ungeheuer hohe Dichte, ein Fingerhut davon wiegt zirka vier Tonnen. Zunächst ist dieser „Weiße Zwerg" noch sehr heiß und strahlend hell, im Laufe von weiteren Milliarden Jahren kühlt er jedoch ab und verwandelt sich in einen ausgeglühten „Schwarzen Zwerg".

„Weil die Sonne ihre Hülle abgestoßen und dadurch enorm an Masse und Schwerkraft verloren hat, werden sich die Bahnen der Erde und der äußeren Planeten weit nach außen verlagern", sagt Astrophysiker Napiwotzki, „Merkur und Venus, die inneren Planeten, hat die Sonne während ihrer aufgeblähten Phase wahrscheinlich verschluckt." Zurück bleiben sieben Materiebrocken, die in eisiger Dunkelheit um einen Sternenkadaver rotieren.

Die Wunder des Universums

Rote Riesen, Weiße Zwerge, Dunkle Energie: Der KOSMOS ist voll von bizarren Gebilden und geheimnisvollen Kräften. Doch das Wissen der Forscher ist immens gewachsen. Heute können sie sich sogar von Geburt und Aufbau des Alls ein recht genaues Bild machen – und von seiner finsteren Zukunft.

Die Sombrero-Galaxie, 50 Millionen Lichtjahre von der Erde entfernt: Was auf der kolorierten Aufnahme wirkt wie ein einziger glühender Ball, ist tatsächlich eine Anhäufung von Milliarden Sternen, umgeben von einem Staubring.

Späher in die Tiefen des Alls

Ein ganzer Park von Teleskopen wird von der Europäischen Südsternwarte (ESO) auf dem Berg La Silla in Chile betrieben. Dort, in 2400 Metern Höhe, sind die Bedingungen für den Blick in den Kosmos ideal, fern von Smog und Staub gibt es 350 Nächte pro Jahr einen klaren Himmel. Die Daten des Observatoriums werden in München ausgewertet – 15 000 Kilometer entfernt.

Galaktisches Wetterleuchten

Eine kosmische „Blase" in der Großen Magellanschen Wolke. Solche Gebilde entstehen, wenn Sternenwinde, die mit Millionen Kilometern pro Stunde ins All schießen, auf kalte Gasmassen treffen.

FOTO: NASA/ESA

n der
e

en ziehen als
n 10 000
ng über den
Reste einer
sion einer
im Sternbild
dort vor langer Zeit
geschleuderte
rial für neue

Farbenfrohe Sternenleiche

Die Überreste einer Supernova im
ernbild Wolf, 1900 Lichtjahre von uns
fernt, hat das Weltraumteleskop
ble fotografiert. Es ist eine Seiten-
ht auf einen torusförmigen Ring.
lie Gas- und Staubwolken von
schwarzen Linien durchsetzt sind
eine Netzhaut erinnern, erhielt
rieschwaden den Namen
el.

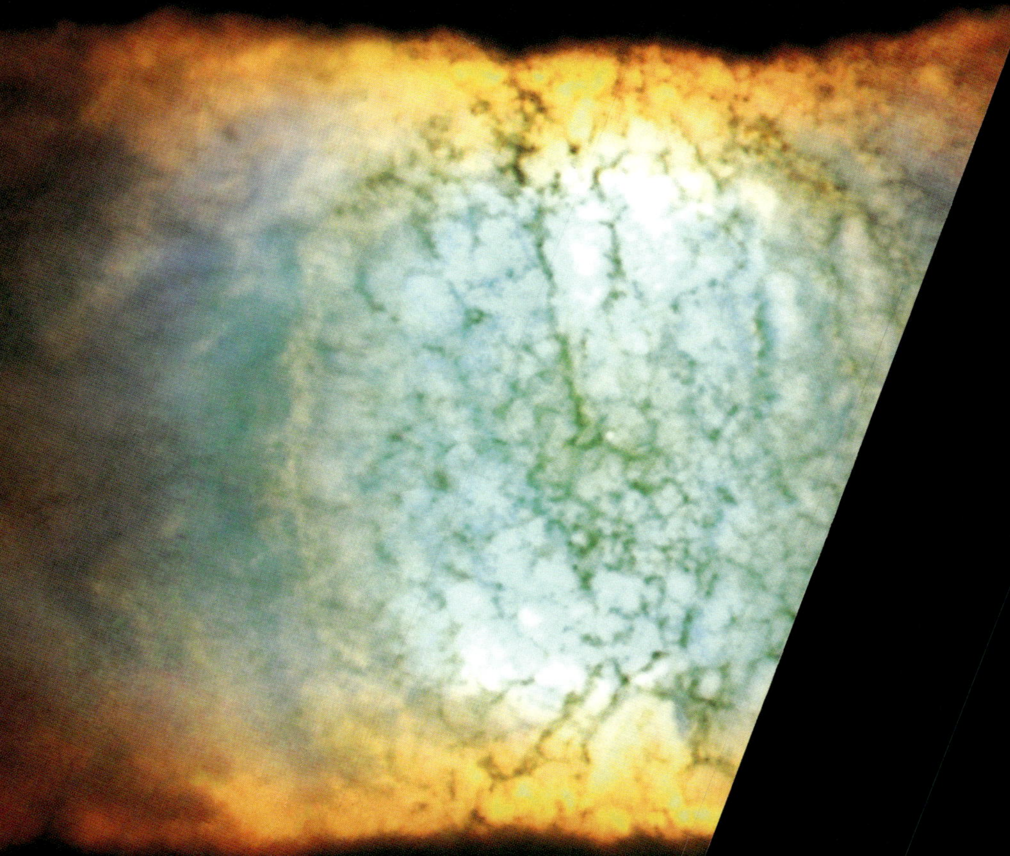

Techtelmechtel am Firmament

Das Galaxien-Trio, 190 Millionen Lichtjahre von der Erde entfernt, wurde im April 2004 vom Very Large Telescope (VLT) der Europäischen Südsternwarte (ESO) beobachtet. Ein Arm der Galaxie oben links (Nummer NGC 6770) ist zur benachbarten Spirale (Nummer NGC 6769) gerichtet, und ein zweiter deutet in Richtung des dritten Partners (Nummer NGC 6771). Das ist ein deutliches Indiz dafür, dass die Sonnenversammlungen durch Gravitations-Wechselwirkung Sterne und Gas verlieren. Diese Materie sammelt sich im Raum dazwischen.

Ein Hort für Sonnenbabys

Dieser Region im Sternbild Schütze gaben Astronomen den Namen Schwanennebel. Es ist ein Gebiet, in dem sich gerade neue Glutbälle bilden. Im hellen Fleck leuchtet ein Haufen junger massereicher Sterne. Sie senden ultraviolette Strahlung aus, die das Wasserstoffgas in der Umgebung ionisiert und so die rötliche Färbung erzeugt.

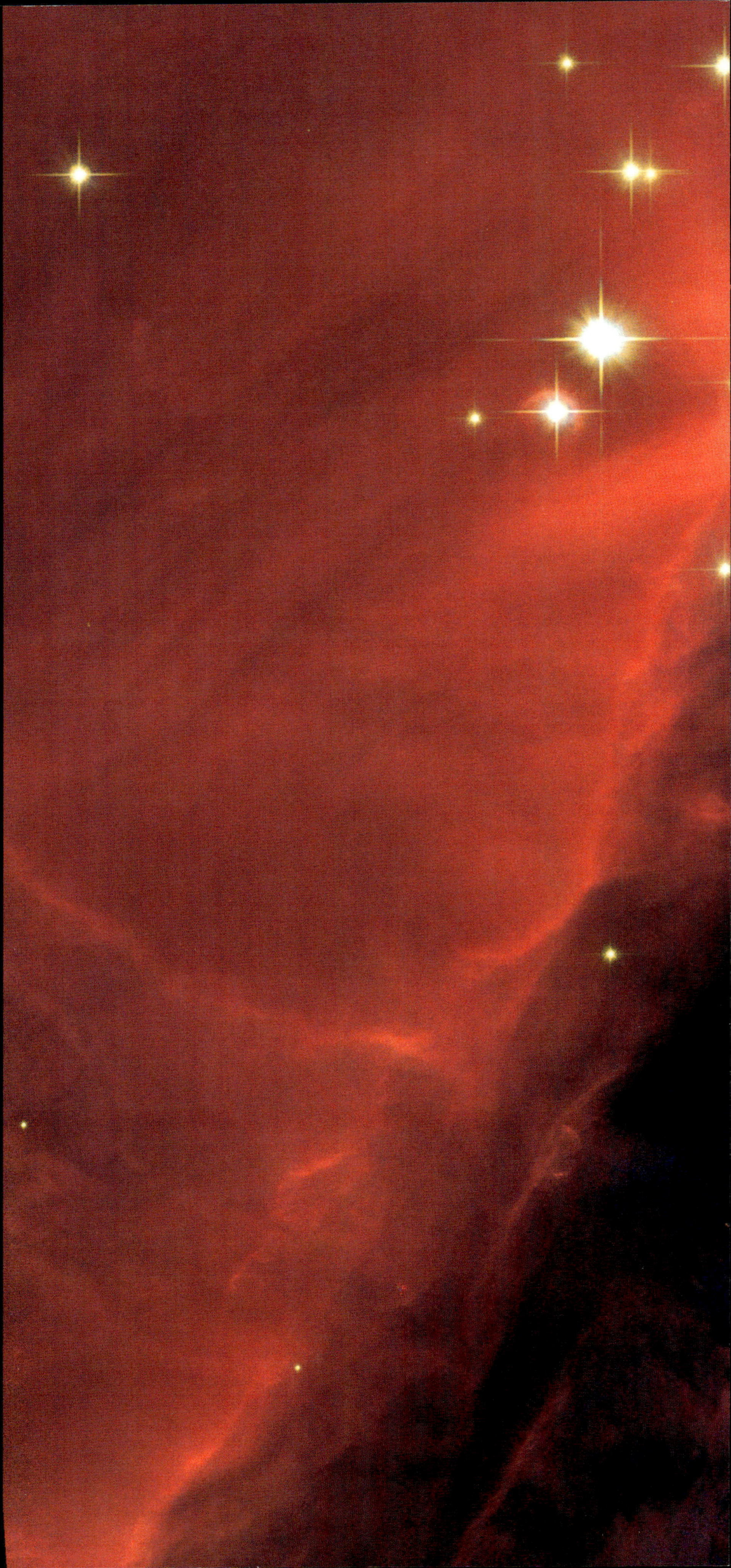

Mächtiger Kegel in purpurner Kulisse

Der Konusnebel liegt im Sternbild Schütze. Er ist eine 2500 Lichtjahre entfernte und zweieinhalb Lichtjahre hohe Säule, die aus Staub, Gas und Sonnen besteht. Dieser Materieschwaden bildet die Spitze eines Sternhaufens mit der Katalognummer NGC 2264, den Astronomen wegen seiner dreieckigen Form auch Weihnachtsbaum-Sternhaufen nennen.

Ein rotes Meer aus Staub und Sternen

Der Adlernebel, etwa 7000 Lichtjahre weit von der Erde, ist eine Gas- und Staubwolke mit einer großen Zahl massereicher junger Sonnen. In der Mitte ragen von oben rechts die „Zeigefinger der Schöpfung" ins Bild – bizarr geformte Gassäulen, die als Geburtsstätte neuer Sterne gelten.

Nukleares Mega-Feuer

In 9000 Lichtjahren Entfernung wabert diese Gas- und Staubwolke durch unsere Galaxis. Links unter ihr strahlt Eta Carinae (orangefarbener heller Fleck). Dieser Stern hat mehr als einhundert Mal soviel Masse wie unsere Sonne und gibt fünf Millionen Mal so viel Energie ab wie sie. Damit ist er der am stärksten leuchtende Glutball in unserer Milchstraße – zumindest kennen Astronomen bislang keinen intensiveren Strahler.

Der Große Wagen leuchtet. Daneben prunken Andromeda und Fuhrmann, funkeln Schwan und Leier, Pegasus und Cassiopeia. Überall strahlen Lichter im Dunkel der Nacht. Und mitten im Meer der Sterne schimmert ein glitzerndes Band, schöner als jedes Diadem: die Milchstraße.

Zwischen den Geheimnissen des Firmaments fliegt staubkorngroß ein Raumschiff namens Erde durch die Weiten des Alls. Mit Winzlingen an Bord, getrieben von unstillbarer Neugier und irrwitzigem Größenwahn. Sie versuchen das Unmögliche: die Tiefen des Universums zu ergründen; herauszufinden, was Milliarden von Billionen Kilometer entfernt von ihnen passiert. Seit jeher wollen sie wissen: Wie groß ist die Welt, in der sie leben? Wie ist der Kosmos gebaut? Wie ist er entstanden? Und welche Rolle spielen darin sie, die Augenblicksereignisse im All?

Der Andromedanebel, aufgenommen von einem einfachen optischen Teleskop. Das Licht, das wir heute von dieser Galaxie empfangen, wurde vor über zwei Millionen Jahren abgestrahlt.

Das Werkzeug für das Unternehmen der Erdlinge ist dürftig: gerade einmal drei Pfund graue Denkmasse pro Crewmitglied und ein Arsenal von Lausch- und Spähgeräten, die sie ersonnen haben. Doch erstaunlicherweise gelingt damit Fantastisches, erhält die Globus-Besatzung Einsichten in Geschehnisse weit hinter der Himmelskulisse.

So lieferte jüngst das Hubble-Weltraumteleskop, das in 600 Kilometer Höhe die Erde umkreist, einen einmaligen Blick in die Tiefe des Kosmos. Seine Kameras schossen Aufnahmen von mehr als 100 Sternenhaufen, die sich „nur“ 400 bis 800 Millionen Jahre nach dem Urknall, den die Astrophysiker als Beginn des Universums ansehen, gebildet haben. Diese Sterne waren offenbar die ersten Objekte, die den einst dunklen Kosmos erleuchteten. „So weit haben wir noch nie in die Vergangenheit geblickt“, schwärmt Rodger Thompson von der University of Arizona.

Als vor kurzem ein internationales Wissenschaftler-Team mit dem Isaac-Newton-Teleskop auf der Kanarischen Insel La Palma den Himmel observierte, konnten die Experten beobachten, dass der 2,5 Millionen Lichtjahre entfernte Andromedanebel so stark an seiner Nachbargalaxie NGC 205 zerrt, dass er dort bereits zahlreiche

Sterne herausgerissen hat. Mit dem Teleskop war ein regelrechter Strom von Flammenkugeln auszumachen, der sich in Richtung Andromedanebel zieht.

Und jetzt entdeckten Forscher vom amerikanischen Harvard-Smithsonian Center for Astrophysics, die mit einem Mega-Fernrohr das Sternbild Zentaur ins Visier nahmen, die Endphase eines Sternenlebens: Aschereste des verglühten Brennmaterials. Der Kohlenstoff im Inneren der Himmelsleiche war kristallisiert und zu einem 4000 Kilometer dicken Diamanten erstarrt – nie zuvor ist ein größerer Weißer Zwerg aufgespürt worden. Als Edelstein driftet die ausgebrannte Sonne durchs All.

Mit den Erkenntnissen, die Astrophysiker seit einigen Jahrzehnten gewinnen, gelingt es ihnen inzwischen, sich ein Bild zu machen: vom Bau des Universums, dessen Entstehung und dessen zukünftigem Schicksal. Grandios ist dieser Kosmos und voller Dramatik, überwältigend und rätselhaft. Mit menschlichem Verstand kaum noch zu begreifen.

Alle Sterne, so wissen die Himmelsforscher, sind Sonnen, ähnlich der unseren. Monströse, leuchtende Gaskugeln, in denen Wasserstoff zu Helium fusioniert und Strahlungsenergie frei wird. Es gibt die nuklearen Glutbälle in verschiedenen Größen – sie können nur Bruchteile, aber auch weit über das Hundertfache unserer Sonnenmasse besitzen. Die Entfernungen zwischen den kosmischen Kernreaktoren sind so riesig, dass Forscher sie in Lichtjahren messen. Ein Lichtjahr ist die Distanz, die Licht in einem Jahr zurücklegt: 9,46 Billionen Kilometer.

Der Abstand zwischen unserer Sonne und dem nächsten Stern, Proxima Centauri, beträgt 4,3 Lichtjahre. Und das ist nur ein Katzensprung verglichen mit den Strecken zu anderen Sonnen. Zu Antares etwa sind es 500 Lichtjahre. Und das Leuchten, das heute vom Polarstern die Erde erreicht, wurde abgestrahlt, als man in Europa gerade das Schwarzpulver erfunden hatte – vor 680 Jahren. Mit anderen Worten: Je tiefer Astrophysiker mit ihren immer leistungsfähigeren Observatorien in das Weltall blicken, desto länger her ist das, was sie da entdecken.

Weißt du, wie viel Sternlein stehen? Nein. Die Frage des Kinderliedes, das vor fast 200 Jahren der thüringische Dichter Johann Wilhelm Hey reimte, kann bis heute kein Astronom beantworten. Bis zu 6000 Lichtquellen sind bei klarer Nacht mit bloßem Auge zu erkennen, doch das ist nur ein Tropfen im Ozean. 100 Milliarden Glutbälle gibt es allein in der Milchstraße – der Sternenclique, zu der auch unsere Sonne mit ihrem

Der Tarantelnebel ist eine riesige Wasserstoffansammlung in der Großen Magellanschen Wolke. Auf der Südhalbkugel der Erde lässt er sich grob mit bloßem Auge am Himmel erkennen – als einziger außergalaktischer Nebel.

Planetensystem gehört. Sie hat die Form einer gigantischen Spirale, 15 000 Lichtjahre dick und 100 000 Lichtjahre im Durchmesser. Zwischen ihren Leuchtfeuern ist der Raum fast leer – nur ein paar wenige Atome Wasserstoff und Helium pro Kubikzentimeter bilden die interstellare Materie.

Wie eine überdimensionale fliegende Untertasse treibt die Milchstraße durchs All. Dabei dreht sich das Sternenrad um ein Zentrum. Unser Sonnensystem sitzt auf einem der äußeren Spiralarme und braucht 230 Millionen Jahre, um die Mitte zu umkreisen – etwa 20 Runden hat es seit seiner Entstehung geschafft.

Die Milchstraße wiederum ist nur eine aus einer Vielzahl von Galaxien, zu denen sich alle Sterne des Weltraums arrangiert haben. Unsere Nachbargalaxien sind die Große Magellansche Wolke, etwa

150 000 Lichtjahre entfernt, und die Kleine Magellansche Wolke mit einem Abstand von 200 000 Lichtjahren. Sie bestehen aus 15 Milliarden beziehungsweise fünf Milliarden Sternen. Dann folgt der Andromedanebel, mit bloßem Auge gerade noch als kleiner blasser Fleck im Sternbild Andromeda erkennbar. Er ist ein System von mehreren hundert Milliarden Sonnen.

Galaxien gibt es in verschiedensten Größen und Formen – in den Teleskopen zeigen sich neben den Spiralen auch Z-förmige, elliptische oder linsenförmige Gebilde. Wie viele das Universum insgesamt beherbergt, ist unbekannt. Milliarden wurden bislang entdeckt, und dauernd kommen neue hinzu. Längst sind die Namen für die Sternenschwärme ausgegangen; Astronomen nummerieren sie wie Waren in einem Katalog.

Die meisten werden durch die Schwerkraft in Gruppen oder Haufen zusammengehalten. So gehört die Milchstraße mit dem Andromedanebel, den beiden Magellanschen Wolken und zwei Dutzend weiteren kleinen Galaxien zur „Lokalen Gruppe". Einige andere Zusammenballungen bestehen aus vielen hundert Galaxien. All die Gruppen wiederum formen noch größere Gebilde, die Astronomen „Superhaufen" nennen. Und diese schließen sich, wenn man das Universum in ganz großem Maßstab betrachtet, zu wabenartigen Anordnungen zusammen, zu einem monströsen Schwamm: große leere Blasen, jeweils um die 150 Millionen Lichtjahre dick, umhüllt von Wänden und Fäden, die aus Superhaufen bestehen.

Ein Ausschnitt aus der Sternenclique, die unserer Milchstraße benachbart ist: die Große Magellansche Wolke. „Nur" 15 Milliarden Sonnen leuchten dort; deshalb ist sie für Astronomen eine „Zwerggalaxie".

Diese Struktur des Universums ist keineswegs starr, sondern wird bestimmt von einer ungeheuren Dynamik. Die Galaxien, so haben Astronomen gemessen, fliegen – abgesehen von lokalen Schwerkrafteffekten – mit großer Geschwindigkeit immer weiter auseinander, wie die Trümmer nach einer Sprengung. Die Forscher schließen daraus auf den Beginn des Universums. Ihre Theorie: Mit einer unvorstellbaren Detonation, dem Urknall, fing alles an. Vor etwa 13,5 Milliarden Jahren. Zuvor gab es nur Strahlung und eine bis heute nicht identifizierte Urmaterie – bei unvorstellbar hoher Temperatur und großer Dichte konzentriert in einem winzigen Punkt. Dann explodierte die Blase. Raum und Zeit entstanden.

Die Urknall-Theorie: Was wann entstand

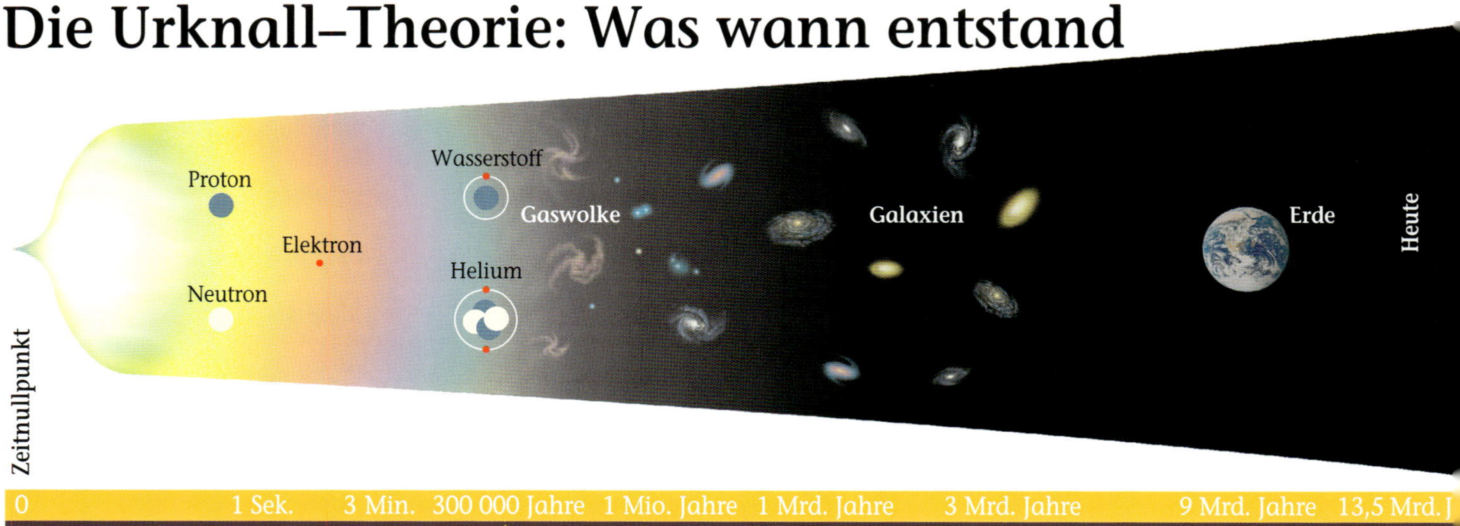

Vor 13,5 Milliarden Jahren – so die Theorie der Astrophysiker – entstanden mit dem Urknall Raum und Zeit. Explosionsartig dehnte sich der Kosmos aus. Zunächst war alles nur Urmaterie und Strahlung und extrem heiß. Dann bildeten sich die ersten Elementarteilchen. Antimaterie und Materie vernichteten sich gegenseitig immer wieder, bis aus unbekannten Gründen die Materie ein Übergewicht über die Antimaterie bekam. Nun formierten sich Protonen, Neutronen und Elektronen, drei Minuten nach dem Urknall die ersten einfachen Atomkerne, nach 300 000 Jahren der Grundbaustoff des Universums: Wasserstoff- und Heliumatome. Langsam kühlte das Universum ab. Nach etwa einer Million Jahren begannen sich die Gaswol[...] in zahlreichen Raumgebieten zu verdichten, me[...]re hundert Millionen Jahre später entwickelten dort die ersten Sterne und Galaxien. Schließlich etwa neun Milliarden Jahre nach dem „Big Ba[...] entstand am Rande einer Galaxie namens Milchstraße unser Sonnensystem mit der Erde.

Bruchteile von Sekunden nach dem „Big Bang" sank die Temperatur, und langsam bildeten sich die ersten Elementarteilchen: Materie und Antimaterie. Aus unbekannten Gründen bekam die Materie ein Übergewicht über die Antimaterie, sonst hätte sich alles wieder gegenseitig vernichtet. Nach fast einer Minute hatte das Universum bereits einen Durchmesser von vielen Millionen Kilometern. Ein paar Minuten später entstanden die ersten Atomkerne, dann die ersten Elemente: Wasserstoff und Helium.

Es vergingen viele Millionen Jahre, bis sich dort, wo die Dichte dieser Gase ein wenig größer war als anderswo, Wolken formierten. Die Schwerkraft verklumpte die Materie. In den anschwellenden Brocken wurde es aufgrund des Druckes so heiß, dass Wasserstoffatome zu Heliumatomen verschmolzen – das war die Geburtsstunde der ersten Sterne und Galaxien.

Heute gibt es am Himmel eine Mixtur von Sonnen verschiedensten Alters; Astronomen können deren unterschiedliche Lebensphasen nebeneinander bestaunen und studieren. Je nach Größe entwickeln sich die Glutbälle vor allem in ihren fortgeschrittenen Stadien unterschiedlich. Wenn beispielsweise Sterne mit der Masse unserer Sonne nach Milliarden von Jahren fast allen Wasserstoff zu Helium verbrannt haben, blähen sie sich zu hundertfacher Größe. Rote Riesen nennen Astrophysiker diese Oldies. Milliarden Jahre später blasen die Weltraummonster ihre äußeren Schichten ins All. Dann klingen alle Kernreaktionen ab. Zurück bleibt ein glimmender, relativ kleiner Kern, etwa so groß wie unsere Erde – ein Weißer Zwerg. Seine Materie hat eine unvorstellbar hohe Dichte, ein Fingerhut davon wiegt Tonnen. Im Laufe von weiteren Millionen Jahren kühlt er ab und wird zum Schwarzen Zwerg.

Sehr massereiche Sterne enden auf andere Art. Sie verbrauchen ihren Wasserstoff schneller als kleinere Exemplare, schon nach Jahrmillionen schrumpft ihr Inneres und heizt sich dabei stark auf. „Dann brennt das Helium und verwandelt sich in Kohlenstoff", sagt der Göttinger Astrophysiker Professor Rudolf Kippenhahn, „bald gehen die Kohlenstoffatome in höhere Atomkerne über." In einem Supernova-Feuerwerk schleudert der sterbende Riese die äußere Schale fort. „Dabei stößt der Stern den größten Teil seiner Materie wieder in den Raum zurück, und auch bei dieser Explosion wird Kohlenstoff in höhere Elemente umgewandelt." Rohmaterial für neue Glutbälle – sowie für unser Planetensystem. Die Erde, ihre Lebewesen und ebenso der Mensch bestehen aus Materie, die einst Sonnen erzeugten. Sternenstaub sind wir alle.

Zu guter Letzt stürzen die Reste eines solch massigen Sterns in sich zusammen. „Das hält an, bis in extrem hohen Dichten die Kernbausteine so eng aneinander rücken, dass sich alle Protonen und Elektronen zu Neutronen vereinen", sagt Kippenhahn. Übrig bleibt ein Neutronenstern, ein Objekt, das dermaßen kompakt ist, dass ein einziger Löffel davon auf Erden Milliarden Tonnen wiegen würde.

Manche dieser Sonnenleichen ballen sich, so die Vorstellungen der Astrophysiker, sogar zu noch höherer Dichte – zu jenen Gebilden, die „unter allen Schöpfungen des menschlichen Geistes wohl die fantastischsten sind", meint US-Physiker Kip Thorne vom California Institute of Technology – zu Schwarzen Löchern. Ihre enorme Anziehungskraft erfasst alles, was ihnen zu nahe kommt und verschlingt es. Sogar Licht. Das Universum ist durchsetzt mit diesen monsterhaften Staubsaugern. „Die Zahl der Schwarzen Löcher", vermutet der Cambridger Astrophysiker Stephen Hawking, „kann sogar größer sein als die der sichtbaren Sterne."

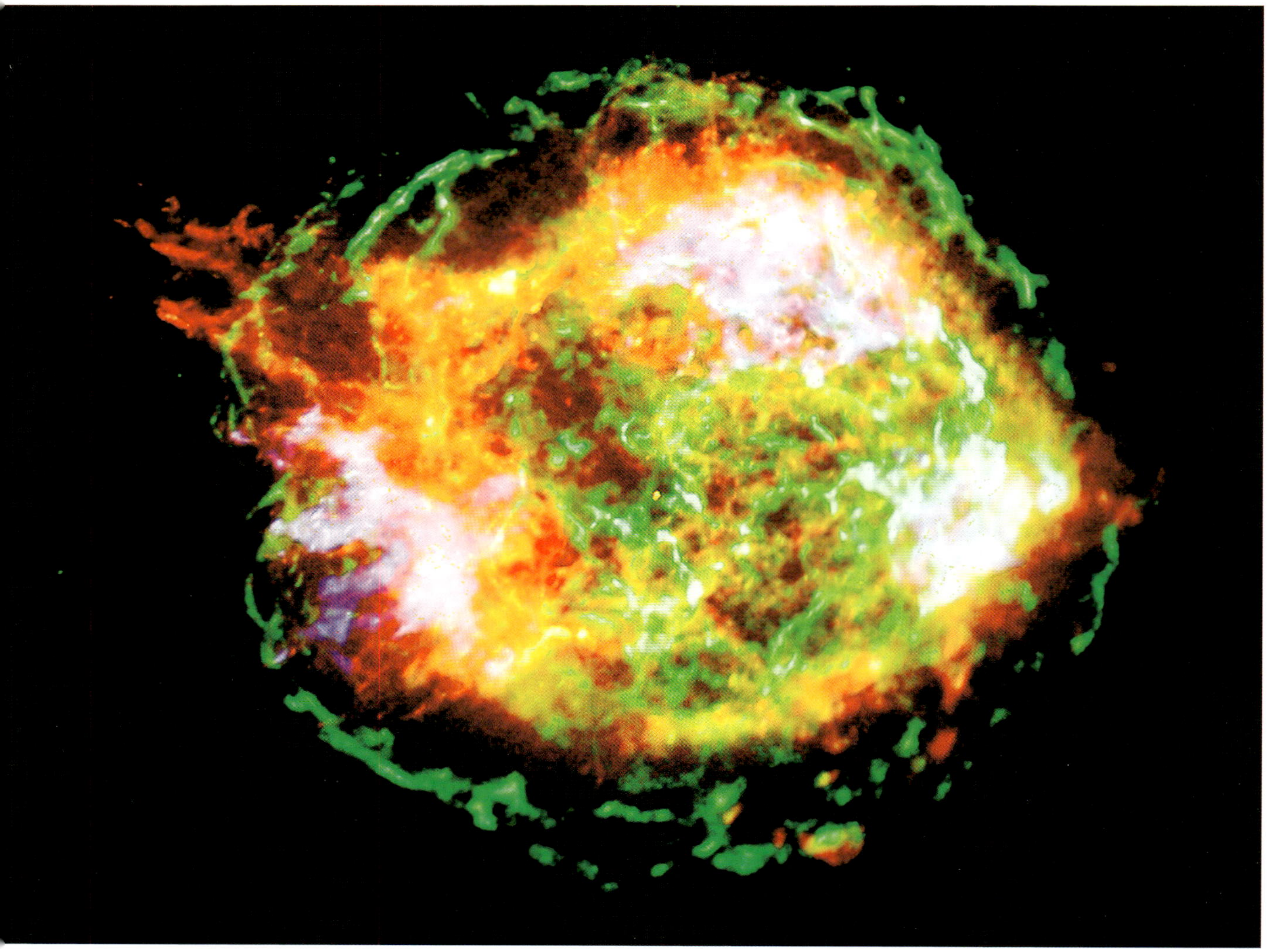

Tod eines massereichen Sterns: eine Supernova-Explosion. Aus der Materie, die dabei ins All geschleudert wird, können neue Sonnen entstehen.

Offensichtlich sorgen Schwarze Löcher für die Energie der hellsten aller Objekte im All – der Quasare. Tausende davon haben Astrophysiker in den Tiefen des Raumes bislang ausgemacht. Es sind aktive Kerne weit entfernter Galaxien, die mit großer Geschwindigkeit davontreiben und oft eine billionenfach stärkere Leuchtkraft als unsere Sonne haben. Vermutlich hausen dort kosmische Vielfraße, die immense Materiemengen und sogar ganze Sternenhaufen verschlingen und mit deren Energie die Höllenglut schüren.

„Auch in den Zentren wohl fast aller Galaxien sitzen Schwarze Löcher“, sagt Professor Reinhard Genzel vom Max-Planck-Institut für extraterrestrische Physik in Garching bei München. Er und seine Arbeitsgruppe haben einen dieser kosmischen Kannibalen in der

Mitte unserer Milchstraße nachweisen können. Allerdings handelt es sich da um einen relativ kleinen Vertreter seiner Art. „Ein Objekt mit 2,5 Millionen Sonnenmassen", sagt Genzel. Er hat den maximalen Appetit des Materiefressers berechnet – und der hält sich in Grenzen. In 1000 Jahren schluckt er höchstens so viel Masse aus der Milchstraße, wie unsere Sonne hat.

Obwohl Wissenschaftler eine Menge über die Entwicklung einzelner Sterne herausbekommen haben, ist noch weitgehend ungeklärt, wie die Dynamik ganzer Galaxien funktioniert und warum sie überhaupt entstanden sind. Das ist derzeit ein Schwerpunkt astrophysikalischer Forschung. Einschließlich der Frage, was passiert, wenn ganze Sonnencliquen kollidieren. So nähert sich der Andromedanebel immer mehr der Milchstraße, der Crash ist unvermeidbar. „In etwa fünf Milliarden Jahren werden diese beiden großen Scheibengalaxien zusammentreffen", sagt Martin Rees, Professor für Astronomie im englischen Cambridge. Eine kosmische Katastrophe wird es dennoch kaum geben – zu groß sind die Abstände zwischen den einzelnen Himmelsfeuern. „Vermutlich wird einfach nur ein amorpher Sternenhaufen übrig bleiben", glaubt der Brite.

Aber was wird aus dem und all den anderen Sonnencliquen eines Tages werden? Nach einer langen Zeit des Zweifelns über die Zukunft des Alls steht für die Astrophysiker aufgrund neuer Messergebnisse inzwischen fest: Der Kosmos wird niemals enden, die Expansion des Alls schreitet weiter und weiter fort. Sie beschleunigt sich sogar noch. Doch können in diesem ewigen Universum die Sternenpopulationen für alle Zeiten stabil bleiben? Halten sich dauerhaft Todes- und Geburtenraten der Sonnen im Gleichgewicht?

Für eine bestimmte Zeit, so vermuten Himmelskundler, werden aus der Materie gestorbener Sterne stets neue geboren. Allerdings ist nur jener Teil recycelbar, der beim Sonnentod als Gas und Staub ins All zurückgeschleudert wird. Deshalb wird dem Universum irgendwann das Schöpfungsmaterial ausgehen. In etwa 100 000 Milliarden Jahren, so die neuesten Schätzungen, werden die

Materie wird von einem Schwarzen Loch angesaugt. Hier eine Illustration – Fotos von den kosmischen Vielfraßen, die auch Licht verschlingen, gibt es nicht.

letzten Sonnen und alle Galaxien verglüht sein. Durch den ausgedünnten Weltraum vagabundieren dann nur noch deren Kadaver.

Vom Urknall bis zur kosmischen Ödnis – tausend und manche Nacht haben Generationen von Astrophysikern vor den großen Teleskopen der Erde gehockt, um dem Himmel seine Geheimnisse zu entreißen. Hunderte von Satelliten, voll gepfropft mit Computern und Messgeräten, wurden ins All geschossen und nicht enden wollende Datenströme ausgewertet. Viele Erkenntnisse konnten so inzwischen gesichert werden, manches jedoch ist noch Hypothese und hat Bestand bis zum Beweis des Gegenteils.

Stephen Hawking, englischer Astrophysiker an der Universität Cambridge, arbeitet über Grundlagenfragen der Kosmologie und speziell über Schwarze Löcher.

So sind trotz aller Sternstunden große Rätsel geblieben. Beispielsweise muss ein kosmischer Kitt existieren, der mit seiner Gravitation das Auseinanderfliegen der Galaxien bremst und die Sterne beisammenhält. Die Masse der sichtbaren Sonnen jedenfalls reicht dazu nicht aus. Fieberhaft wird geforscht, woraus diese Dunkle Materie bestehen könnte, von der bislang nirgends auch nur eine zweifelsfreie Spur gesichtet wurde. Vielleicht aus bis heute unbekannten, exotischen Elementarteilchen, die in Schwärmen große Teile des Raumes füllen? Keiner weiß es.

Darüber hinaus muss es die noch rätselhaftere Dunkle Energie geben. Eine Macht, die die Ausdehnung des Alls seit dem Urknall antreibt und beschleunigt. Bislang hat kein Wissenschaftler auch nur eine Ahnung, was das sein könnte. „Sie ist ein Knochen, der uns quer im Hals liegt“, sagt Steven Weinberg, US-Nobelpreisträger für Physik von der University of Texas in Austin. Und sein Münchner Max-Planck-Kollege Genzel prophezeit: „Dieses Problem und seine Lösung wird die gesamte Physik zum Beben bringen. Es herrscht eine Stimmung wie kurz vor der Entdeckung der Quantentheorie. Wahrscheinlich muss die Physik noch mal entscheidend umgekrempelt werden.“

Zu den großen verbleibenden naturwissenschaftlichen Herausforderungen kommen die philosophischen. So mögen sich viele Wissenschaftler mit der derzeitigen Vorstellung vom Urknall nicht anfreunden, wird durch die Big-Bang-Theorie doch jegliche Vorstellungskraft überstrapaziert. Vor allem ist so schwer begreifbar, dass mit der großen Detonation vor 13,5 Milliarden Jahren Raum und Zeit überhaupt erst entstanden sein sollen – aus dem Nichts. Was aber war dann vorher? Und was war außerhalb der Blase? So dürfe man gar nicht denken, mahnen die Verfechter der Hypothese. Zu fragen, „was vor dem Urknall war“, sagt Stephen Hawking, „ist, als fragte man nach einem Punkt einen Kilometer nördlich des Nordpols.“

Doch solche Antworten akzeptiert nicht jeder. Immerhin protestierten Mitte des Jahres 2004 im US-Wissenschaftsmagazin „New Scientist“ 33 Astrophysiker mit einem offenen Brief. „Wer den Urknall anzweifelt, muss um seine Forschungsgelder fürchten“, heißt es da. Die Theorie habe sich nicht aufgrund überzeugender Beobachtungen durchgesetzt, sondern vor allem, weil sich die Befürworter gegenseitig Fördermittel zuschanzten. Ein besseres Modell von der Geburt des Weltalls ist jedoch weit und breit nicht in Sicht. Auch die Kritiker können keines bieten.

Unter den Urknall-Gläubigen indes entwickeln einige Forscher kühnste Hypothesen. Vielleicht, so mutmaßen sie, war der Big Bang ja gar kein Einzelfall. Möglicherweise gibt es dann neben unserem Kosmos noch zahlreiche andere, parallele Welten. „Die Gesamtheit, das Multiversum, könnte Universen umfassen, die von jeweils anderen Gesetzen und Grundkräften bestimmt werden“, spekuliert der Brite Martin Rees. „In einigen von ihnen könnte der Raum selbst auch eine andere Anzahl von Dimensionen haben.“ Darüber hinaus, so sinniert der Astrophysiker von der Uni Cambridge, wären möglicherweise sogar mehrere dieser Kosmos-Ableger „für eine Evolution geeignet“.

Andere Universen mit anderen Lebewesen? Nichts als Gedankenspiele. Die Besatzung des Raumschiffs Erde wird es wohl nie erfahren.

Bücher zum Thema

Martin Rees:
Das Rätsel unseres Universums.
©C.H. Beck Verlag.
2. Auflage
München 2003

Bernhard Mackowiak:
Warum leuchten Sterne?
©Kosmos Verlag.
Stuttgart 2003

John Gribbin:
Der Weltraum.
©vgs Verlag.
Köln 2004

Der große Lauschangriff

Erst seit wenigen Jahren kennen Astrophysiker Planeten außerhalb unseres Sonnensystems. Werden sie darunter erdähnliche finden? Dann ließe sich eine gezielte Abhöraktion starten, um nach AUSSERIRDISCHEM LEBEN zu suchen. Viele Himmelshorcher sind davon überzeugt, bald auf Signale fremder Intelligenzen zu stoßen.

Die Aluminiumschüssel des Radioteleskops in Arecibo auf der Karibikinsel Puerto Rico hat einen Durchmesser von 305 Metern. Zwischen 130 Meter hohen Masten schweben die Antennen. Mit ihrer Hilfe fahnden Forscher nach Signalen fremder Zivilisationen.

Großer Aufwand für einen kleinen Piepser

Etwa 600 Tonnen schwer ist die Plattform, die von Drahtseilen genau im Brennpunkt 130 Meter über der Schüssel des Arecibo-Teleskopes gehalten wird. An ihr sind verschiedene Antennen befestigt. Um auch noch äußerst schwache Signale aus dem All zu identifizieren, müssen die Empfänger mit flüssigem Helium gekühlt werden. So wird das elektronische Rauschen in den Bauteilen reduziert.

Rätselhafte Botschaften

In einem Getreidefeld bei Rockville in Kaliforninen tauchten im Juli 2003 diese Zeichen auf. Manche Menschen glauben, dass es Hinterlassenschaften von Außerirdischen sind, die uns mit diesen Kornkreisen etwas mitteilen wollen, andere halten sie schlichtweg für einen Schabernack launiger Zeitgenossen.

Horchposten ins All

*Das Very Large Array (VLA) ist ein **Radioteleskop** in New Mexico, das aus 27 beweglichen 25-Meter-Schüsseln besteht. Sie sind in Y-Form aufgebaut. In den 90er Jahren suchten SETI-Forscher mit diesem riesigen Lauschgerät nach verräterischen Signalen aus dem Kosmos.*

Welt in unerreichbarer Ferne

Blick zum Sternbild Pegasus am nächtlichen Firmament. In der rechten oberen Hälfte ist ein von vier hellen Sternen begrenztes Rechteck auszumachen. Etwas außerhalb dessen rechter Kante liegt im Meer der Sonnen irgendwo versteckt der Stern 51 Pegasi. Er ist 42 Lichtjahre von der Erde entfernt. Bei ihm wurde der erste Planet außerhalb unseres Sonnensystems entdeckt.

Glühender Gigant

So stellt sich der englische Künstler Chris Butler den ersten gefundenen extrasolaren Planeten vor: Eine große heiße Kugel, die den Stern 51 Pegasi auf einer relativ nahen Bahn umkreist. Der Illustrator lässt den fernen Himmelsball von zwei Monden begleiten – pure Fantasie.

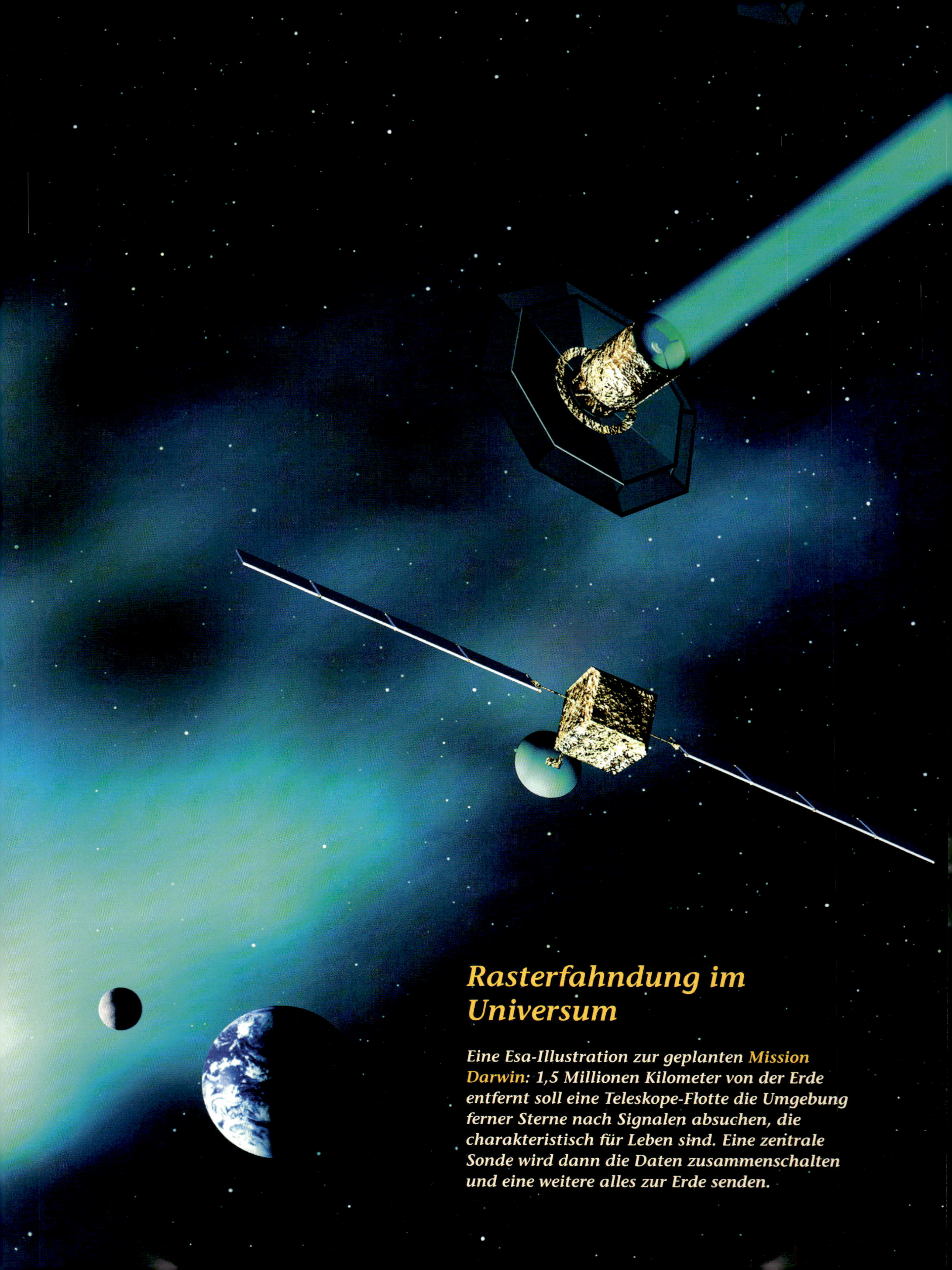

Rasterfahndung im Universum

Eine Esa-Illustration zur geplanten Mission Darwin: 1,5 Millionen Kilometer von der Erde entfernt soll eine Teleskope-Flotte die Umgebung ferner Sterne nach Signalen absuchen, die charakteristisch für Leben sind. Eine zentrale Sonde wird dann die Daten zusammenschalten und eine weitere alles zur Erde senden.

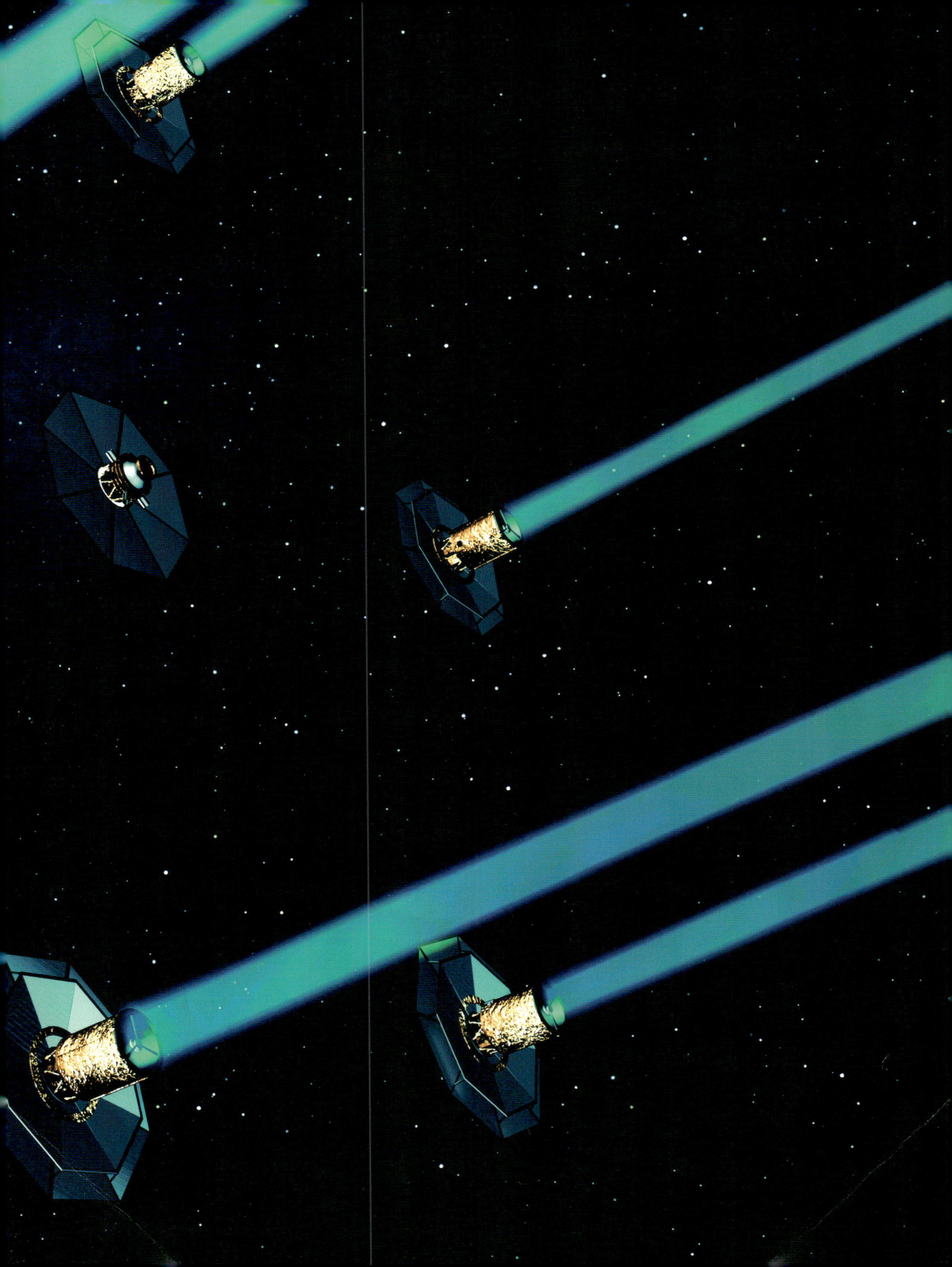

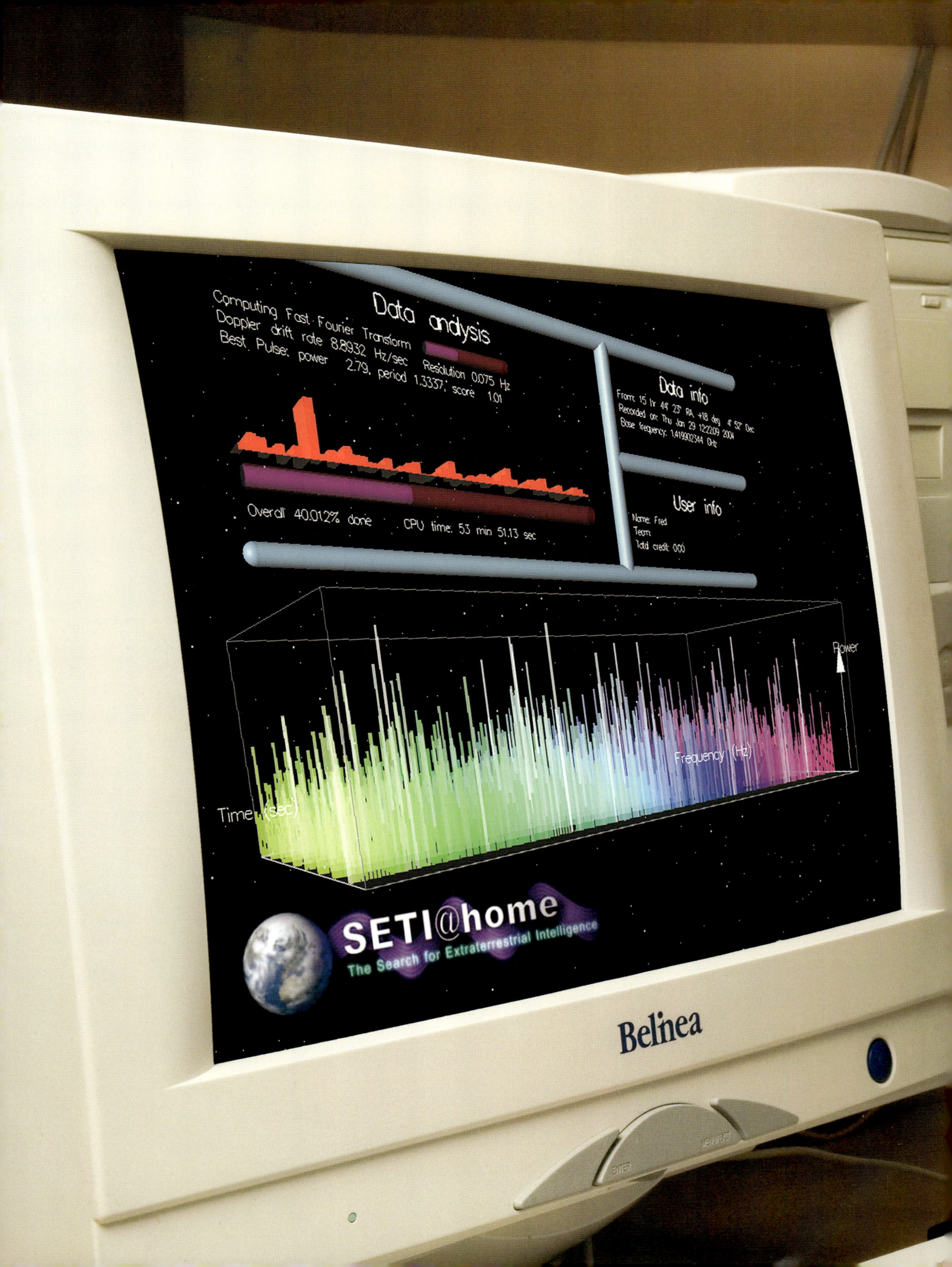
Data analysis
Computing Fast Fourier Transform
Doppler drift rate 8.8932 Hz/sec Resolution 0.075 Hz
Best Pulse: power 2.79, period 1.3337, score 1.01
Overall: 40.012% done CPU time: 53 min 51.13 sec
Data info
From: 15 hr 44' 23" RA, +18 deg 4' 52" Dec
Recorded on: Thu Jan 29 12:22:09 2004
Base frequency: 1.419902344 GHz
User info
Name: Fred
Team:
Total credit: 0.00
Power
Frequency (Hz)
Time (sec)
SETI@home
The Search for Extraterrestrial Intelligence
Belinea

Im Wohnzimmer auf der Suche nach Aliens

Mehr als fünf Millionen Menschen weltweit haben auf ihrem Computer als Bildschirmschoner das Programm SETI@home installiert. Es ist ein Projekt der Universität von Kalifornien, Berkeley. Vom dortigen Server holt sich der Heimcomputer – wenn gerade nicht an ihm gearbeitet wird – Daten, die vom Arecibo-Teleskop stammen. Das Programm durchforstet sie nach auffälligen Signalen und schickt dann das Ergebnis zur wissenschaftlichen Auswertung zurück.

Hoffen auf galaktisches Gemurmel

Mit dem Radioteleskop in Green Bank, Virginia, begann SETI-Gründer Frank Drake im Jahr 1960 die Suche nach Außerirdischen. Dass er und seine Kollegen nicht sofort erfolgreich waren, nahm den Forschern nicht den Mut – mit großer Energie machten sie weiter.

Die Szenerie ist atemberaubend. Üppig wuchern Sträucher und Bäume, Farne und Orchideen und bedecken die hügelige Landschaft. Inmitten dieser tropischen Wildnis klafft eine riesige Lücke: eine Talmulde, über die sich glitzernd und kreisrund eine gigantische Aluminiumschüssel spannt, 305 Meter im Durchmesser. Von monströsen Masten gehalten, hängt darüber in 130 Meter Höhe eine Plattform, voll gepackt mit High-Tech. Regelmäßig müssen Helfer die Pflanzen beschneiden, damit die Natur den Fremdkörper nicht verschlingt. Vögel zwitschern, Echsen und Schlangen huschen durchs Gestrüpp.

Das Arecibo-Teleskop im Herzen der Karibikinsel Puerto Rico ist das größte Radioteleskop der Welt, Empfangsstation für kurzwellige Strahlung aus dem All. In dieser Kulisse wurden Szenen des James-Bond-Films „Golden Eye" gedreht. Hier erforschen Astrophysiker aus aller Welt ferne Objekte des Universums. Und hier suchen die Fahnder der Soko SETI nach Botschaften von Außerirdischen.

Zweimal im Jahr fliegen Jill Tarter, Direktorin des SETI-Instituts (Search for Extraterrestrial Intelligence) im kalifornischen Mountain View, und ihre Kollegen auf die Insel. Dann suchen die Wissenschaftler jeweils drei Wochen lang den Himmel ab. Laut Satzung haben sie es sich zur Aufgabe gemacht, „den Ursprung, die Natur und das Vorkommen von Leben im Universum" zu erforschen. Anpeilen können sie Koordinaten am Firmament nur mit Hilfe der Erddrehung; sie müssen warten, bis die Rotation des Globus die Superantenne in die gewünschte Position gebracht hat.

Die Astrophysikerin Jill Tarter arbeitet seit 1984 für das SETI-Programm. 2004 wurde sie vom Nachrichtenmagazin „Time" unter die 100 einflussreichsten Persönlichkeiten gewählt.

Mit ihren Lauschaktionen hoffen die Fahnder, ein Signal aufzufangen, das nicht natürlichen Ursprungs ist. Einen Piepser, der irgendwie verraten würde, dass im fernen All jemand funkt. Mit der Botschaft rechnen sie fest. „Jeden Tag können wir etwas finden", sagt Tarter.

Doch das Ergebnis nach jahrzehntelanger Suche: null. Der Kosmos schweigt. Trotzdem ist keiner von den mehr als 100 SETI-Forschern enttäuscht, geschweige denn entmutigt. Im Gegenteil. Schließlich habe man erst gerade mal 750 Sterne abgehorcht. Ein Klacks sei das gegen die 100 Milliarden Sonnen allein in unserer Milchstraße. „Dort draußen muss es Leben geben“, sagt Physiker Paul Horowitz. „Und wenn die fremden Wesen versuchen, zu anderen Zivilisationen Kontakt aufzunehmen, werden wir Erfolg haben“, spätestens in ein paar Jahrzehnten, da ist er sich ganz sicher.

Dass die Erde nicht der einzig belebte Ort im All ist, davon sind nicht nur die SETI-Leute, sondern zahlreiche Wissenschaftler seit langem überzeugt. Denn Leben, so glauben sie, ist ein universelles Phänomen, schlichtweg eine Folge der physikalischen und chemischen Umstände. Und warum sollten dann die Bedingungen, unter denen sich vor knapp vier Milliarden Jahren auf dem Globus aus unbelebter Materie die ersten Zellen bildeten, nicht auch anderswo im Weltall herrschen oder zumindest geherrscht haben? In einem gigantischen Kosmos, in dem unsere Milchstraße nur eine von Milliarden Galaxien ist.

Aber wo? Die Astrophysiker sind sich einig: Als Brutstätten kommen keinesfalls glühende Sterne, sondern nur kühle Planeten oder Monde infrage. Und von denen keineswegs jeder. In unserem Sonnensystem etwa gibt es offensichtlich nur einen Ort, an dem sich Leben entwickelt hat – die Erde. Zwar vermuten Exobiologen, dass auch auf dem Mars oder dem Jupitermond Europa Spuren von Organismen verborgen sein könnten, doch bisher fehlt jeder Nachweis.

Künstlerische Darstellung einer Expedition zum Jupitermond Europa: Eine Kapsel durchdringt den Eispanzer und setzt einen Roboter aus, der nach Lebensspuren sucht.

Damit auf einem Himmelskörper höhere Kreaturen gedeihen können, muss er offenbar eine feste Oberfläche und eine gewisse Größe haben, sodass seine Schwerkraft eine Atmosphäre halten kann. Außerdem sollte er sich in einer „Lebenszone“ um seine Sonne herum bewegen; dann herrschen moderate Temperaturen, und es kann Wasser in flüssiger Form geben – ideales Lösungsmittel, unentbehrlich für den Stofftransport in Organismen.

Immerhin wissen Astronomen inzwischen, dass unser Planetensystem keineswegs das einzige im All ist. Zwar vermuteten sie schon immer, dass eine Vielzahl solcher Systeme existieren müsse, doch erst 1995 wurde daraus Gewissheit. Da meldeten die

Superhirn ohne Schädeldecke,
aus „Mars Attacks", 1996

Aliens in „The Sender", 1997

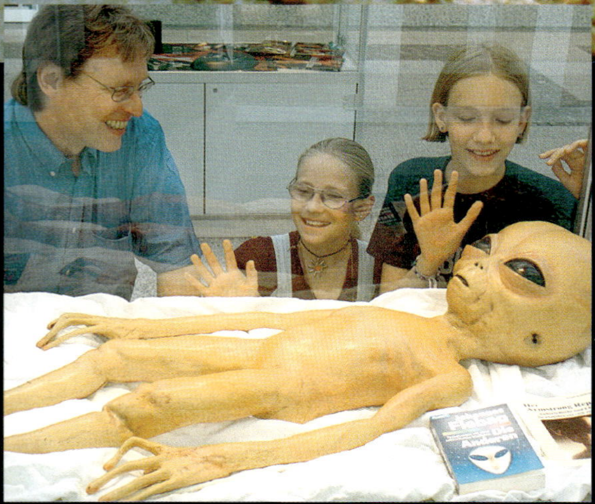

Modell eines angeblich 1947
im amerikanischen Roswell
gestrandeten Untertassen-Piloten

E.T., aus dem gleichnamigen Spielberg-Film von 1982

Krallenkopf, aus „Galaxy Quest", 1999

Außerirdischer Zecher, in „Men in Black 2", 2002

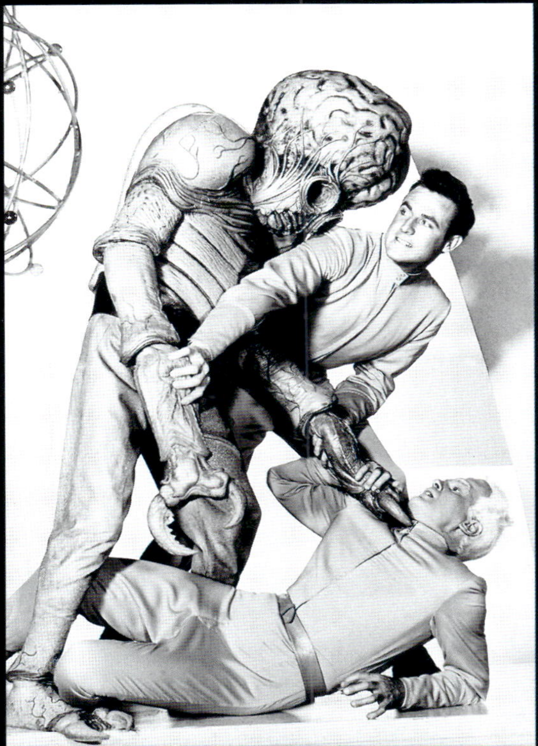

Monster würgt Mann, aus „This Island Earth", 1954

Schweizer Astrophysiker Michel Mayor und Didier Queloz vom Observatorium in Genf die Entdeckung des ersten „extrasolaren“ Planetensystems. Eine astronomische Sensation – zuvor war niemandem ein solcher Fund gelungen, weil die Trabanten im Gegensatz zu den Sternen nicht leuchten und somit selbst den hochauflösendsten Teleskopen verborgen bleiben.

Die Schweizer vollbrachten das Kunststück mit einer indirekten Nachweismethode (siehe Kasten). Zunächst konnten sie ihre Ergebnisse selbst nicht glauben. „Wir haben die Daten gedreht und gewendet“, erzählt Mayor, „und ein Jahr mit der Veröffentlichung gewartet. Am Ende jedoch blieb nur eine einzige Erklärung übrig.“ Der Planet, den sie aufspürten, kreist um den Stern 51 Pegasi im Sternbild Pegasus, 42 Lichtjahre von der Erde entfernt. Allerdings entpuppte sich die neue Welt als ein heißer Riese. Etwa so groß wie Jupiter ist er und seiner Sonne sehr nah. In nur vier Tagen umrundet er sein Zentralgestirn. Eine Plattform für Leben? Wohl kaum.

Inzwischen konnten die Schweizer sowie ein US-Team um die Astrophysiker Geoffrey Marcy von der University of California Berkeley und Paul Butler von der Carnegie Institution of Washington weit über 120 Trabanten um ferne Sterne aufspüren. Und fast jeden Monat kommen neue hinzu. Die Liste ist beeindruckend, aber bislang waren alle Funde sehr groß – von ähnlichen Maßen wie Jupiter

Planeten-Fahndung

Ein Zittern verrät's

Wenn Astrophysiker die Existenz eines Planeten nachweisen wollen, der um einen fernen Stern kreist, messen sie, ob dieser ein wenig schlingert. Weil sich nämlich Stern und Planet gegenseitig anziehen, tanzen beide bei der Umrundung um einen gemeinsamen Schwerpunkt. Aus der Stärke des Schlingerns im Zentrum lässt sich die Masse des Trabanten und sein Abstand zum Stern berechnen. Allerdings verursachen nur sehr große Begleiter eine Wackelbewegung ihres Zentralgestirns, die mit Teleskopen wahrnehmbar ist; bei kleinen Planeten ist sie nicht messbar. Darüber hinaus lässt sich ein Trabant nachweisen, indem man mit hoch empfindlichen Messgeräten prüft, ob sich ein Stern regelmäßig für eine Weile ein ganz klein wenig verdunkelt. Dann kann nur ein Planet die Ursache dafür sein, der sich beim Lauf um sein Zentralgestirn zwischen dieses und die Erde schiebt. Aus dem Verdunklungsfaktor und der Wiederkehrzeit können Astronomen auf Größe und Bahn des Planeten schließen.

oder gar noch mächtiger – und hatten enge Umlaufbahnen, also sehr heiße Oberflächen. Erst vor Kurzem jedoch machten Astronomen der Europäischen Südsternwarte ESO mit einem verfeinerten Verfahren im Sternbild Altar einen Planeten aus, der deutlich kleiner ist; nur 14-mal so schwer wie die Erde. Und wenig später meldeten andere Forschergruppen die Entdeckung zweier weiterer, ähnlich kleiner.

SETI-Gründer Frank Drake vor der nach ihm benannten Gleichung. Mit ihr lässt sich die Zahl potenzieller Zivilisationen in unserer Milchstraße errechnen, mit denen eine Kontaktaufnahme möglich wäre.

Nun steht fest: Planetensysteme sind Massenware im All. Doch ob es dabei Himmelskugeln der erforderlichen Größe gibt, die zudem in einer „Lebenszone" um ihre Sonne kreisen, bleibt offen. Immerhin glauben viele Astrophysiker, dass allein in unserer Milchstraße Millionen solcher Planeten existieren könnten. Kürzlich gelang es australischen Forschern der University of New South Wales sogar, grob zu lokalisieren, wo mit den Gesuchten zu rechnen ist: Die „bewohnbare Region" ist ein ringförmiges Gebiet zwischen Rand und Mitte der Milchstraße, in dem es schwere Metalle gibt. Die nämlich sind nötig, damit ein erdähnlicher Planet überhaupt entstehen kann. Außerhalb dieses Gürtels, zum Rand der Milchstraße hin, sind schwere Metalle rar; in ihrer Mitte ist es zu ungemütlich für Leben, weil sich dort zu oft kosmische

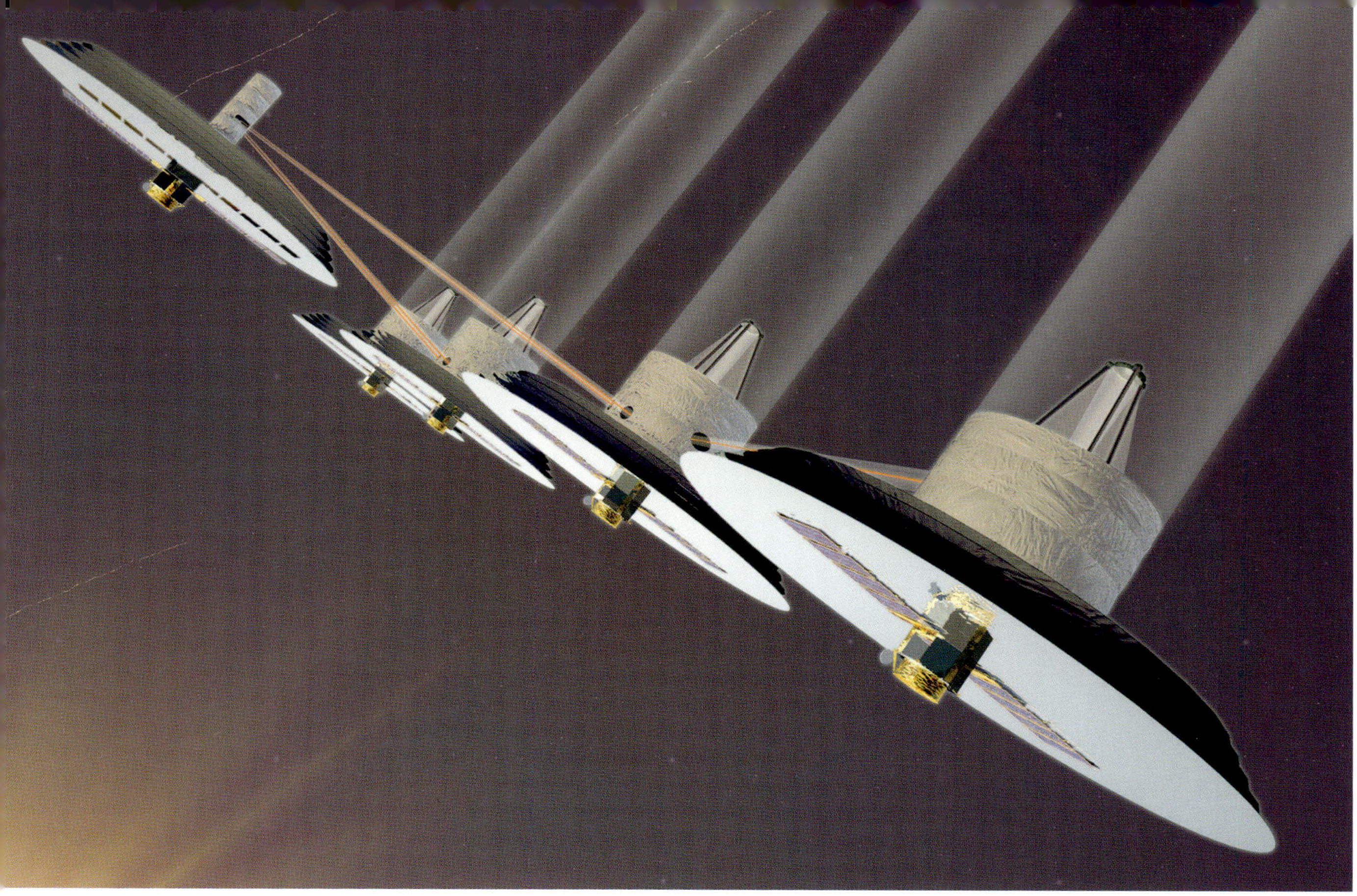

So stellt sich die Nasa ihr Projekt „Terrestrial Planet Finder" vor: Mehrere Weltraumteleskope suchen im Infrarotbereich nach Lebensspuren, eine Sonde sammelt die Daten und funkt sie zur Erde.

Katastrophen, etwa Supernova-Ausbrüche, ereignen.

Längst ist eine neue Generation von Teleskopen in Planung, die die ersehnten Sternenbegleiter finden soll. So schlummert in den Schubladen der Esa das Projekt Darwin. Konzipiert ist eine Flotte von acht Sonden, die ins All geschossen werden sollen. Sechs davon sind Teleskope und werden als Signalempfänger arbeiten, das siebte High-Tech-Paket soll die Daten der sechs zusammenschalten, das achte wird als Kommunikationsstation zwischen der Sonden-Armada und der Erde gebraucht.

Wir werden Darwin auf der Nachtseite der Erde in etwa 1,5 Millionen Kilometer Abstand positionieren", sagt Professor Walter Flury von der Esa. Spätestens 2015 soll der Verband die Umgebung von Sternen absuchen – nach Signalen, die charakteristisch für Leben sind. Die Detektoren werden im mittleren Infrarotbereich arbeiten: Bei diesen Wellenlängen verraten sich biologische Aktivitäten, etwa die Fotosynthese von Pflanzen oder die Atmung von Organismen. Die Nasa plant Ähnliches. Terrestrial Planet Finder heißt ihr Projekt, ein Verbund von mehreren Weltraumteleskopen, die ebenfalls Auffälligkeiten im Infrarotbereich analysieren sollen. Auch ihr Start ist für das kommende Jahrzehnt vorgesehen; Experten gehen davon aus, dass Nasa- und Esa-Mission vereint werden, um Kosten zu sparen.

Sollten diese Himmelsspäher eines Tages verräterische Signale auffangen, bliebe allerdings noch vieles im Dunkeln. Was regt sich dann dort? Wie ist eine Evolution auf dem belebten Planeten abgelaufen? Hat sie mit den gleichen Zutaten gearbeitet wie auf der Erde? Gibt es nur Einzeller und niedere Wesen? Oder gar Geschöpfe mit Herz und Hirn?

Die meisten Exobiologen sind davon überzeugt, dass sich fremdes Leben – ebenso wie das irdische – auf Kohlenstoffbasis entwickelt, weil Kohlenstoffatome fast überall im All vorkommen und eine Fülle komplexer Moleküle bilden können, die für die Abläufe in Organismen unentbehrlich sind. Ganz ausschließen aber möchten sie auch andere Elemente als Lebensgrundlage nicht. Etwa Silizium, das ebenfalls reichlich auf vielen Planeten vorhanden sein dürfte. Weil es jedoch zu harten Strukturen neigt, wären wohl relativ starre Geschöpfe die Folge, eckige und kantige Kristallwesen.

Zudem gehen die Wissenschaftler davon aus, dass nicht einmal paradiesische Zustände herrschen müssen, damit Organismen gedeihen können. Denn auch in extrem unwirtlichen Zonen unseres eigenen Planeten findet sich Leben. So vegetieren in Gesteinsschichten kilometertief unter der Erdoberfläche Mikroben, ebenso im Polareis bei minus 20 Grad. Selbst heiße Quellen in ozeanischen Tiefen sind besiedelt; unter tonnenschwerem Druck leben dort Bakterien bei über 100 Grad, ohne Sauerstoff und ohne einen einzigen Lichtstrahl.

Für höher entwickelte Wesen allerdings bedarf es wohl kommoder Verhältnisse. Dann aber ist Vielfältiges und Exotisches möglich. „Beim Körperbau kennt der Erfindungsreichtum der Natur keine Grenzen, entsprechend werden die Formen außerirdischen Lebens noch so fantasievolle Science-Fiction-Entwürfe weit übertreffen“, glaubt Jack Cohen, Biologe an der University of Warwick, Großbritannien. „Die Evolution ist richtungslos. Organismen sind Produkte der Umweltbedingungen auf ihrem Planeten.“

Tiefseeröhrenwürmer an einer Heißwasserquelle am Meeresgrund zeigen, unter welch extremen Bedingungen Leben existieren kann.

So wird die Gestalt der Kreaturen beispielsweise von der dort herrschenden Schwerkraft bestimmt werden. Bei großer Gravitation rechnen Wissenschaftler mit stämmigen Lebewesen, die einen kräftigen Knochenbau und genug Muskelmasse haben, um gegen die Anziehungskraft des Planeten anzukommen. Bei geringer sind die Außerirdischen wahrscheinlich zart gebaut, bewegen sich mit langen Beinen vorwärts oder können fliegen. Auch die Dichte einer Atmosphäre beeinflusst die Körperform. So dürften Geschöpfe, die in einer dünnen Gashülle atmen müssen, große Münder oder Nasen haben. Und solche, die in einer dichten vegetieren, wesentlich kleinere Ein- und Ausströmöffnungen.

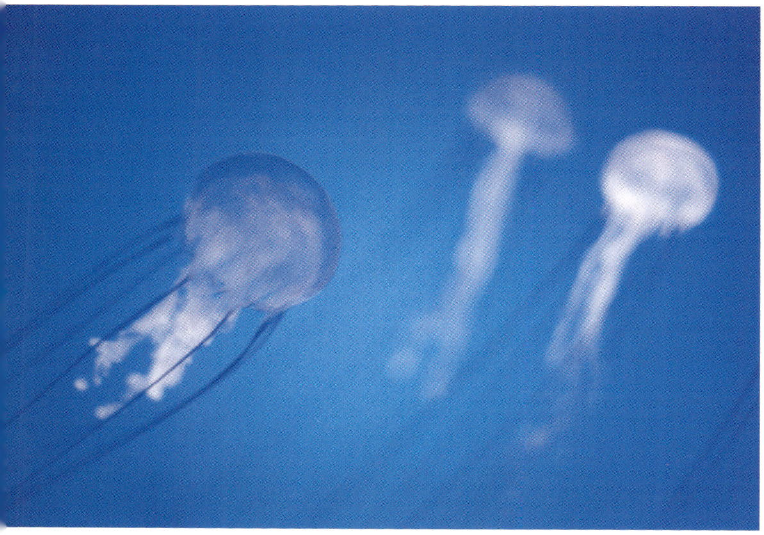

Quallen im Ozean – unser Planet ist voller skurril anmutender Wesen. Ob anderswo noch fantasievollere Geschöpfe leben?

Generell vermuten deshalb viele Forscher, dass Extraterrestrische zumindest auf erdähnlichen Planeten uns ähnlicher wären, als es Biologe Cohen ausmalt. „Sie werden bei Schwerkraftgesetzen wie auf dem Globus kaum kleiner sein als ein Hund oder größer als ein Elefant", sagt SETI-Chefastronom Seth Shostak. „Wenn man die Geschichte der Evolution betrachtet, so wurden viele Merkmale mehrfach entwickelt, so zum Beispiel das Auge. Das ist also ein brauchbares Konzept. Und wenn man in den Zoo geht, sieht man, dass alle Tiere mit interessanten Gehirngrößen nicht etwa hundert Arme haben. Und auch nicht einen einzigen. Irgendetwas zwischen vier und acht Extremitäten scheint optimal zu sein. Es gibt sogar Evolutionsbiologen, die sagen, alles läuft zwangsläufig auf den Menschen hinaus. Außerirdische Lebensformen werden also nicht aussehen wie Staubsauger oder Kofferradios, sondern wie irgendetwas, das uns von der Erde her bekannt vorkommt."

Wie aber könnten wir Kontakt zu solchen Verwandten im All aufnehmen? Hinfliegen? Ausgeschlossen. Schon eine Reise zu unserem Nachbarplaneten Mars dauert mit heutigen Antriebsmöglichkeiten über ein halbes Jahr, zu einem extrasolaren wäre es schnell eine Ewigkeit. Die einzig realistische Chance der Kommunikation: per Funk, also mit Lichtgeschwindigkeit. Doch selbst dann bräuchte ein Signal zu entfernten Objekten Jahrtausende oder Jahrmillionen – länger als die Existenz vieler möglicher Zivilisationen.

Also kommen nur Planeten in nächster All-Nachbarschaft infrage. Und auch dann wird bestenfalls eine Einwegkommunikation möglich sein: zuhören, abhorchen. Denn schon zu einem Planeten in 40 Lichtjahren Entfernung – und das ist für kosmische Verhältnisse vor unserer Haustür – bräuchte ein Signal 40, hin und zurück also 80 Jahre. Ein wahres Geduldsspiel. Der Frager würde die Antwort kaum mehr erleben. Ein echter Dialog? Unvorstellbar.

Doch werden die Aliens überhaupt etwas senden? Warum sollten sie uns etwas zu sagen haben? Selbst wenn sie nicht versuchen, aktiv auf sich aufmerksam zu machen, gibt es Hoffnung. Zum einen, so die Vorstellung der SETI-Leute, könnte man ja möglicherweise den interplanetaren Funkverkehr zwischen verschiedenen außerirdischen Populationen belauschen. Zudem ließe sich auffangen, was eine Hochzivilisation an Funkwellen ungewollt ins All sendet. So wie unsere Erde. Seit es Radio und Fernsehen auf dem Globus gibt, strahlen die Programme auch ins Universum: die „Tor"-Schreie des Radiomoderators bei der Fußball-WM 1954 in Bern, die Songs der Beatles, der Korrespondentenbericht vom Einsturz des World-Trade-Centers.

Zu allem kommt ein weiteres Problem: Welche Sprache sprechen die Fremden? Könnten wir mit ihrem interstellaren Kauderwelsch überhaupt etwas anfangen? Vielleicht müsste man nicht Wörter und Sätze dechiffrieren, so hoffen die Wissenschaftler, sondern könnte nur Bilder bestaunen. Zumindest gäbe es dann wohl kaum Missverständnisse. Oder aber die Außerirdischen sind klug und selbst auf Kontaktsuche und arbeiten deshalb mit mathematischen, intergalaktisch verständlichen Formelsprachen. Möglicherweise flüstern sie uns längst so manches – nur wir verstehen es einfach noch nicht!

Eine Fülle von Wenn und Aber. Die SETI-Leute jedenfalls sind fest davon überzeugt, dass Astrophysiker demnächst mögliche Wohnorte für außerirdisches Leben entdecken. Dann werden sie nicht wie bisher im Trüben fischen müssen, sondern endlich wissen, wohin genau sie

Dieser Computer im SETI-Institut wertet die Signale aus, die Radioteleskope in der Umgebung sonnenähnlicher Sterne auffangen.

ihre Teleskope richten sollen. So wollen sie in Zukunft ihre Suche intensivieren, mit Hilfe eines neuen Teleskops namens ATA. Das „Allen Telescope Array" ist nach dem Microsoft-Mitgründer und Multimilliardär Paul G. Allen benannt, schließlich hat der 13,5 Millionen Dollar für die Anlage gestiftet.

Knapp 300 Meilen nordöstlich von San Francisco, beim Hat Creek Observatory, ist das Teleskop bereits im Bau. Ein ganzes Feld von Reflektorantennen, jede mit einem Durchmesser von 6,1 Meter, wird dort entstehen. Insgesamt 350 solcher Einzelmodule sollen zusammengeschaltet werden. „Dann werden wir mehrere Sterne und mehrere Frequenzen gleichzeitig beobachten können", sagt SETI-Gründer Frank Drake, „das wird unsere Suche um mindestens das Hundertfache beschleunigen."

Der Glaube, dass Außerirdische längst bei uns waren, findet immer wieder neue Nahrung: Kornkreise wie in einem Weizenfeld bei Hildesheim im Sommer 1991 gelten vielen als Werk der Aliens.

Und was wird passieren, wenn eines Tages der ersehnte Piepser kommt? Seit 1989 gibt es ein von der SETI-Gruppe verfasstes Papier, das sagt, was dann zu tun ist. Der Titel: „Grundsatzerklärung über Maßnahmen bei der Entdeckung außerirdischer Intelligenz". Darin geht es vor allem darum, wie man intern jeglichen wissenschaftlichen Zweifel an der Herkunft einer Alien-Botschaft ausschaltet und wie man dann vorsichtig und in der richtigen Reihenfolge die Fachwelt, Regierung und Öffentlichkeit informiert. Ein frommer Wunsch sei dieser Verhaltenskodex, glaubt Shostak, mehr nicht. Mit Sicherheit würden die Medien rasch von der Entdeckung Wind bekommen und alles sofort hinausposaunen.

Viele Menschen, glaubt der SETI-Mann, würden dann wohl bei der Lektüre der Morgenzeitung in aller Ruhe weiter den Kaffee schlürfen, da sie ohnehin längst glauben, dass Außerirdische der Erde heimlich Besuche abgestattet und etwa Kornkreise hinterlassen haben. Andere Zeitgenossen wiederum werden die Nachricht schlichtweg für eine Falschinformation halten. „Schließlich wollen einige Millionen US-Bürger immer noch nicht glauben, dass Astronauten auf dem Mond waren“, sagt Shostak.

Die Nicht-Ignoranten aber wären fassungslos. „Der Beweis, dass der Mensch intelligente kosmische Nachbarn hat, würde einen gewaltigen Schlag darstellen gegen jede noch verbliebene Hybris, gegen den Glauben, wir seien intellektuell, kulturell oder moralisch allen Lebewesen überlegen.“

Und wenn gar Geschöpfe entdeckt würden, die uns so weit voraus sind wie wir den Tieren? Die vielleicht unser Tun und Treiben auf der Erde ebenso beobachten wie ein Biologe die Aktivität in einem Ameisenhaufen? Ertragen wir die Geister, die wir rufen? Oder sind wir dann ebenso hilflos wie einst Goethes Zauberlehrling?

Es wäre der GAU für das menschliche Selbstbewusstsein. Und den sollte man lieber gar nicht riskieren – dafür jedenfalls plädierte Sir Martin Ryle, englischer Physiker und Nobelpreisträger. Er bat die Himmelslauscher, „alles zu unterlassen“, was zum Kontakt mit Außerirdischen führen könnte. Denn er befürchtete großes Unheil. Wenn Fremde auf die Menschheit aufmerksam gemacht würden, könnten die „zur Kolonisation der Erde“ aufbrechen. Dann würde es uns wohl ebenso ergehen wie den Indianern, nachdem Christoph Kolumbus auf dem amerikanischen Kontinent gelandet war.

Auf das überaus große psychologische Problem für die Menschheit bei einer solchen Entdeckung hat bereits vor vielen Jahren der Schweizer Seelenkundler und Sigmund-Freud-Schüler Carl Gustav Jung hingewiesen. „Bei einer direkten Konfrontation mit uns überlegenen Geschöpfen von einer anderen Welt“, so der Psychoanalytiker, „würden uns die Zügel aus der Hand gerissen. Und wir wären, wie ein weinender alter Medizinmann sagte, ‚ohne Träume‘.“

Bücher zum Thema

Harald Lesch/ Jörn Müller:
Big Bang, zweiter Akt.
© C. Bertelsmann Verlag. München 2003

Sebastian von Hoerner:
Sind wir allein?
© C.H. Beck Verlag. München 2003

Der Griff nach den Sternen

Sie begann als Wettlauf zwischen den Machtblöcken: Mit der BEMANNTEN RAUMFAHRT wollten sich Sowjets und Amerikaner gegenseitig ihre Überlegenheit beweisen. Die USA entschieden das Rennen auf dem Mond. Danach erlahmte die kosmische Reiselust. Jetzt keimt sie wieder. Die Menschheit will zum Mars – mindestens.

Stars and Stripes auf dem Erdtrabanten: Am 21. Juli 1969 pflanzten die ersten Mondbesucher, Edwin Aldrin (im Bild) und Neil Armstrong (hinter der Kamera), die US-Flagge in den staubigen Boden. „Der Mond ist jetzt ein Ami", hieß es applaudierend in der „Bild".

Mondrakete

Zweimal Saturn V: 1969 bringt die Rakete die ersten Menschen zum Mond (rechts unten). 1972 startet mit Apollo 17 das letzte Mondlandeunternehmen (großes Bild).

Himmelsla

Die amerikanische S
1973 das Zeitalter d
ein. Nach Ende des I
in der Umlaufbahn.

Raumfähre

Der mehrfach verwendbare Spaceshuttle ermöglichte häufigere Raumflüge. Mit dem Transport von Kommunikationssatelliten wurde die Raumfahrt kommerziell

Raumstation

Die International Space Station (ISS) ist das bislang größte zivile internationale Raumfahrtprojekt der Geschichte. Seit 1998 kreist das riesige Gebilde in 400 km Höhe um die Erde und wird ständig weiter ausgebaut.

Auf zu fremden Welten

Im August 1989 – zwölf Jahre nach dem Start – fotografierte Voyager 2 den Neptun. Der Große Dunkle Fleck ist ein Wirbelsturm, ähnlich wie der Große Rote Fleck auf dem Jupiter. Inzwischen hat die Sonde unser Planetensystem verlassen. Experten schätzen, dass sie noch bis zum Jahr 2020 Daten zur Erde funken wird.

Kometenjagd

*Die drei Tonnen schwere Esa-Sonde **Rosetta** wird sich im Jahre 2014 dem Kometen Tschurjumow-Gerasimenko nähern und ihn umkreisen. Dabei soll die Oberfläche kartiert und analysiert werden. Dann wird der 100 kg schwere Lander Philae abgesetzt, um auf der Oberfläche des Kometen zu landen und Bodenproben zu entnehmen.*

Ein kleiner Schritt für einen Menschen, aber ein Riesensprung für die Menschheit." Als der amerikanische Astronaut Neil Armstrong am 21. Juli 1969 um 3.56 Uhr mitteleuropäischer Zeit mit einem nicht sehr eleganten Hopser auf der Mondoberfläche landete und jenen pathetischen Satz in sein Helmmikrofon sprach, klang das in den Ohren der Millionen gebannt lauschenden Fernsehzuschauer und Radiohörer wie die Ankündigung einer neuen, glorreichen Epoche der Menschheitsgeschichte. Wenn Homo sapiens auf dem Mond landen und man auf der Erde live dabei sein konnte, was sollte es dann noch für Grenzen geben? Vergnügungsreisen im Erdorbit, Weltraumhotels, Mondbasen, autarke Raumstationen für Zehntausende; ja, sogar die Besiedelung der ganzen Galaxis schien auf einmal keine Science-Fiction-Story mehr zu sein, sondern der nächste logische Schritt der menschlichen Zivilisation. Auf zum Mars, unserem Nachbarplaneten!

In die technologische Euphorie mischte sich die Erleichterung der westlichen Politiker: Im Wettkampf der Systeme hatte man es den Sowjets gezeigt – nach dem Sputnik-Schock und den ersten Weltraumspaziergängen russischer Kosmonauten hatte der Westen das Rennen zum Mond gewonnen. Als Armstrong und Aldrin – ganz in der Tradition der Planwagenpioniere – das Sternenbanner auf der Mondoberfläche einpflanzten, war endlich eines geklärt: „Der Mond ist jetzt ein Ami." So jedenfalls jubelte die „Bild" damals auf Seite eins.

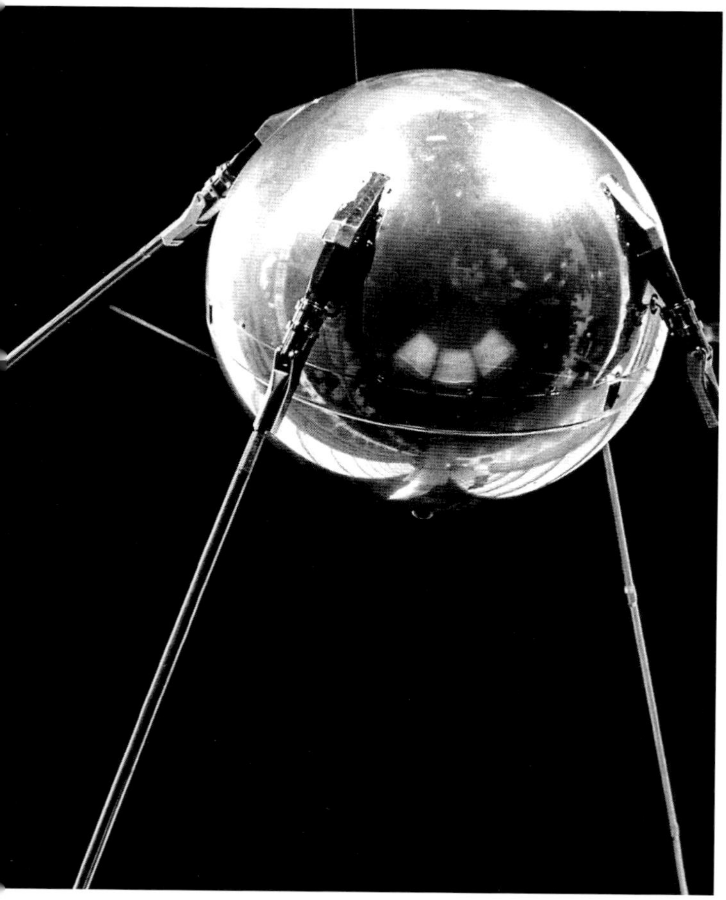

Mit dem Sputnik startete die UdSSR im Oktober 1957 den ersten künstlichen Satelliten.

Im Siegestaumel langte Präsident Nixon tief in die Kiste der Superlative und bezeichnete die acht Tage der Expedition zum Mond als „die größte Woche in der Geschichte der Welt seit der Schöpfung". Und auch Wernher von Braun, der deutsche Raketenpionier, der maßgeblich an Hitlers V2-Programm mitgewirkt und nun mit seinen Technikern aus Peenemünde die Apollo-Trägerrakete „Saturn V" entwickelt hatte, griff in die Harfe und entlockte ihr schnarrende Töne: „Wir wissen, dass Führerschaft auf dem Mond Führerschaft auf der Erde bedeutet."

Insgesamt sechsmal landeten „Apollo"-Crews auf dem Erdtrabanten. Die wissenschaftliche Ausbeute war mager: 385 Kilogramm Mondgestein brachten die Astronauten mit – das, so die Kritiker der Milliardenkosten, hätten ferngelenkte Roboter weitaus billiger machen können. Mit jedem Flug wurde die Begeisterung für das Mondabenteuer geringer. Die Aufbruchsfantasien und Pionierträume zerstoben in Vietnamkrieg, Watergate und Ölkrise. Nur die Beinahekatastrophe von „Apollo 13" weckte noch einmal für kurze Zeit das Interesse und holte die Welt zurück an die Fernsehschirme.

Am 11. Dezember 1972 landete der letzte von zwölf Amerikanern auf dem Mond. Sein Name ist gut für die Eine-Million-Euro-Frage bei Günter Jauch: Eugene Cernan. Der Erfolg des Apollo-Programms war denn auch weniger wissenschaftlich als philosophisch und psychologisch: Der Blick aus dem Weltraum auf unseren Blauen Planeten vor unendlichem schwarzen Hintergrund hat das Bewusstsein für das globale Dorf geschärft, hat den Menschen gezeigt, auf was für einer empfindlichen Kugel sie durchs Weltall fliegen. „Ich vermute", schrieb der Trendforscher Matthias Horx, „dass es ohne die Bilder aus dem All keine Ökologiebewegung gäbe." Und Harald Lesch, Professor für theoretische Astrophysik an der Ludwig-Maximilians-Universität München, sagt: „Vom 20. Jahrhundert werden viele grausame Bilder bleiben, aber nur wenige positive Dinge. Eines davon ist die Mondlandung."

Armstrong und Aldrin 1969: Bei der Revanche für den Sputnik-Schock hissen Sie die US-Flagge.

Aufbruch zu Planeten und Sternen, darüber haben schon im Altertum Spinner, Literaten und Wissenschaftler fantasiert, vor allem aber über einen Flug zum Mond. In der griechischen Spätantike beschrieb Lukian von Samosate (um 120 bis 185 n. Chr.) eine siebentägige Reise, bei der ein Segelschiff durch einen Sturm zum Mond geweht wird. Dort oben treffen die Reisenden auf das seltsame Volk der Seleniten, regiert von König Endymion.

1634 veröffentlichte der große Johannes Kepler die Mondflugfantasie „Somnium" (Traum), um seine kontroversen astronomischen Ideen unverfänglich an den Mann zu bringen. 1649 schrieb

Mission zum Mars

Der Mars ist zwar der erdnächste Planet, er kommt der Erde jedoch nie näher als 55 Millionen Kilometer. Die Reise dorthin ist deshalb immer ein Unternehmen, das mehrere Jahre dauert und Unmengen von Treibstoff benötigt. Da der Mars die doppelte Anziehungskraft des Mondes und eine Atmosphäre hat, ist eine Landung bedeutend schwieriger.

Die Planung der europäischen Raumfahrtagentur Esa sieht vor, dass im Jahre 2030 sechs Astronauten gen Mars fliegen, wo drei in einer Umlaufbahn den Planeten umkreisen, während die anderen drei mit einer Fähre auf der Oberfläche landen. Nach 30 bis 60 Tagen Aufenthalt startet der Rückflug zur Erde. Gesamtdauer der Mission: 1000 Tage.

Da derzeit alle technisch möglichen Varianten durchgerechnet werden (zum Beispiel, ob ein unbemanntes Lastschiff vorausgeschickt und ob der Treibstoff für die Rückkehr auf dem Mars produziert wird), gibt es bisher kein endgültiges Konzept. Um die Planung einzuhalten, muss bis 2020 die Entscheidung gefällt werden.

Sollte der Treibstoff für den Rückflug auf dem Mars produziert werden, fliegt drei Jahre vor der bemannten Mission eine automatische Produktionsanlage zum Mars (oben). Sie gewinnt mit Hilfe von mitgebrachtem Wasserstoff sowie Kohlendioxid aus der Mars-Atmosphäre Sauerstoff und Methan für die Rückkehr zur Erde.

Die drei Astronauten werden in einer dreistöckigen Wohn- und Landeeinheit leben (links), mit Schlafraum (oben), Aufenthaltsdeck mit Küche und Nassräumen (Mitte) und dem Unterdeck, wo neben den wissenschaftlichen Einrichtungen auch Schleusen und Raumanzüge für den Ausstieg untergebracht sind. Durch einen Tunnel erreichen die Astronauten die Rückkehrkapsel auf der Spitze, mit der sie zum Raumschiff in der Umlaufbahn zurückkehren.

. und
…hre später

Schon wenige Jahrzehnte nach der ersten bemannten Mars-Mission könnte eine ständige Basis aufgebaut werden, in der Menschen als Selbstversorger dauerhaft leben. Dafür müssten Rohstoffe, Energie und Nahrungsmittel auf dem Planeten gewonnen und verarbeitet werden. Eines der wichtigsten Lebensmittel, Wasser, ist in Form von Eis auf dem Planeten vorhanden. Und mit Solar- und Kernkraftwerken wäre die Energiegewinnung kein Problem.

In riesigen Gewächshäusern könnten sowohl Nahrungsmittel als auch Sauerstoff produziert werden (Das lebenswichtige Atemgas lässt sich zudem aus der Mars-Atmosphäre gewinnen, die zu 95 Prozent aus Kohlendioxid besteht). Eisen gibt es überall auf dem Mars – Eisenoxid, also Rost, gibt dem Planeten seine Farbe. Aus Temperatur- und Strahlenschutzgründen müssten die Wohneinheiten der Marssiedler unter der Erde oder in Tunneln liegen.

Das muss alles mit zum Mars

1. Antriebsrakete
2. Wohnkapsel für die Mars-Umlaufbahn
3. Kapsel für die Rückkehr zur Erde

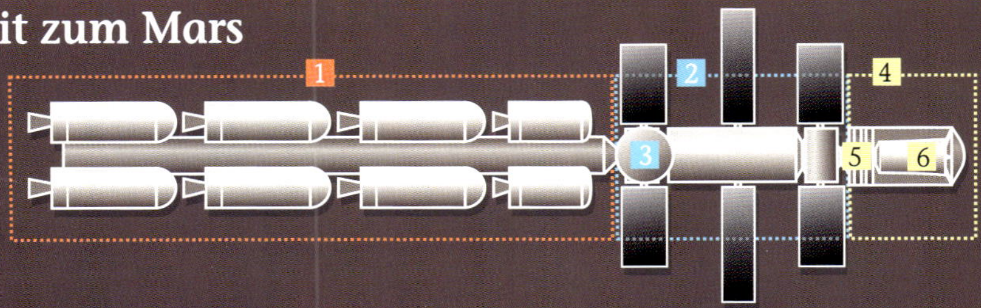

4. Mars-Landemodul
5. Kapsel für Rückkehr in Mars-Umlaufbahn
6. Wohnkapsel für den Mars-Aufenthalt

Quelle: Esa

Cyrano de Bergerac die Erzählung „Voyage dans la Lune“ (Reise zum Mond), in der er einen fantastischen Antrieb erfand: Ausgehend von der Erkenntnis, dass der morgendliche Tau auf den Wiesen offenbar von der Sonne aufgesogen oder angezogen wird, bindet sich der Ich-Erzähler eine Batterie von Flaschen an den Gürtel, die mit Tau gefüllt sind. Dieser Antrieb hebt ihn in die Lüfte, trägt ihn aber nur bis Kanada. Mit Hilfe von Feuerwerksraketen schafft er es dann doch noch auf den Mond. In seinen Romanen „Von der Erde zum Mond“ (1865) sowie „Reise um den Mond“ (1870) ließ der französische Schriftsteller Jules Verne die Männer des Kanonenclubs von Baltimore – wissenschaftlich durchaus fundiert – eine Mondexpedition unternehmen. Vernes Klassiker der Weltraumliteratur werden noch heute ständig neu aufgelegt.

Aufbruch zu den Sternen: Im September 2000 ließ der weltbekannte Kosmologe und Physiker Stephen Hawking die Welt aufhorchen. Langfristig bleibe der Menschheit keine andere Wahl, als ins Weltall auszuwandern, meinte er. Die Klimaerwärmung werde die Erde noch in diesem Jahrtausend unbewohnbar machen. Schon in den siebziger Jahren waren Raumfahrtwissenschaftler zu dem Ergebnis gekommen, dass Kolonien im Weltall für 10 000 Menschen technisch machbar seien, zum Beispiel in einem rotierenden Ring, dessen langsame Drehung künstlich Schwerkraft erzeugt. Durch simple Aneinanderreihung zehn Kilometer langer Zylinder seien gar Kolonien mit 300 000 Menschen vorstellbar, mit autarker Landwirtschaft, eigener Atmosphäre, ja, sogar Bergen und Seen. Über Generationen hinweg würden solche Raumarchen durchs All fliegen. Der britische Astronom Martin Rees spekuliert, dass auf künftigen Reisen durch den interstellaren Raum gar keine Menschen mehr geschickt würden, sondern nur noch deren genetische Informationen in Mini-Raumschiffen. Roboter könnten so programmiert werden, dass sie auf bewohnbaren Planeten landen, wo dann die Gene „ausgesät“ würden.

Weltraumkolonien in Form riesiger Ringe gehören noch zu den realistischeren Visionen von der Besiedlung des Alls. Durch langsame Drehung der großen Konstruktionen soll Schwerkraft erzeugt werden.

Aber was ist heute technisch machbar? Angesichts der Dimensionen des Weltalls war Armstrongs „großer Sprung für die

Menschheit" kaum weniger als ein Schrittchen – die Spezies Mensch hat mit dem Besuch des Mondes gerade mal vor die Haustür geschaut. Quasi bis in den Vorgarten geschafft haben es die Voyager-Sonden 1 und 2, die im Jahre 2002 nach mehr als 20 Jahren Flug das Sonnensystem verlassen haben und seitdem mit 57000 Kilometern pro Stunde weiter ins Weltall hinausfliegen. Sie bewegen sich mit der größten Geschwindigkeit, die je ein von Menschenhand erbautes Konstrukt erreicht hat. An Bord haben die beiden Sonden je eine Schallplatte mit Bild- und Tondaten der Erde, die außerirdischen Lebensformen von der Menschheit und deren Position im Universum berichten sollen. Dass die Walgesänge oder Bachs Fuge in C-Dur je von Aliens gehört werden, ist unwahrscheinlich, besonders wegen des – in kosmischen Dimensionen – Schneckentempos, das die beiden Voyagers vorlegen.

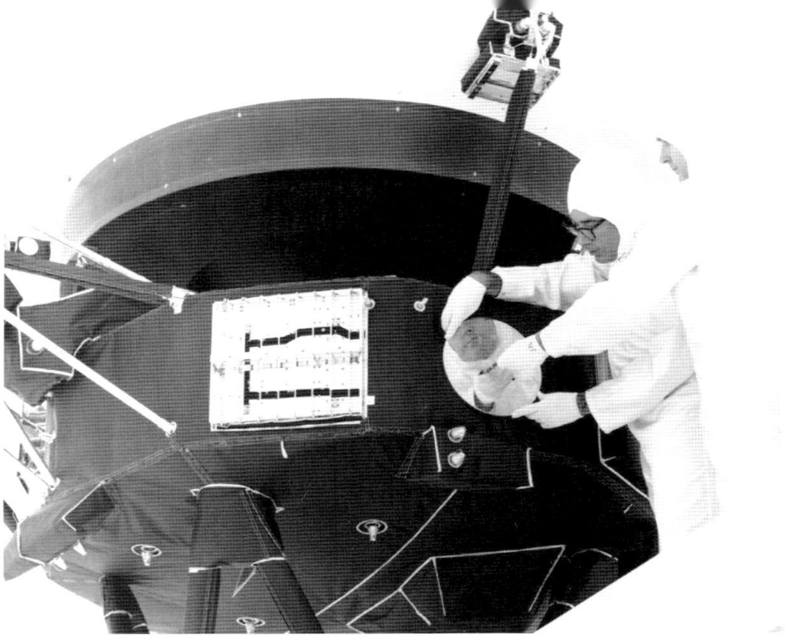

Eine goldbeschichtete Schallplatte mit Bild- und Tondateien der Erde wurde der Sonde Voyager 1 im Jahr 1977 mit auf den Weg gegeben – in der Hoffnung, intelligente außerirdische Lebensformen könnten so von der Existenz der Menschheit erfahren.

Auf seinem Weg in die Tiefen des Alls hat der Mensch zwei Gegner, die nicht zu bezwingen sind: die unvorstellbaren Entfernungen und die Gesetze der Physik. Von „unendlichen Weiten" ist in der Raumfahrtserie „Raumschiff Enterprise" die Rede, und für deren Bewältigung haben die Männer um Commander Kirk und Mr. Spock einen „Warp"-Antrieb im Maschinenraum. Der kann binnen Sekunden Entfernungen von Lichtjahren bewältigen. Im echten Leben wird der Superantrieb Fiktion bleiben: Bei Geschwindigkeiten nahe der Lichtgeschwindigkeit würde jede Beschleunigung so riesige Mengen Energie verbrauchen, dass schon ein kleiner Ausflug zum nächsten Stern mehr als die gesamte im Universum verfügbare Energie verschlingen würde.

Arthur C. Clarke, der Autor von „2001 – Odyssee im Weltraum", dämpft die galaktische Entdeckerfreude mit folgendem Denkmodell: Angenommen, die derzeit erreichbare Raketengeschwindigkeit würde sich in jedem Jahrhundert verzehnfachen, dann lohnte sich die Reise zu unserem 4,3 Lichtjahre entfernten Nachbarstern Proxima Centauri erst in 400 Jahren. Erst dann nämlich wäre sie in knapp zehn Jahren zu bewältigen.

Physikalische Beschränkungen, dazu irdische Probleme wie Unterentwicklung, Kriege und chronischer Geldmangel bremsen die

Euphorie für die großen Flausen und Visionen der Raumfahrt. Es boomt nur, was sich auch auszahlt: so die kommerzielle Nutzung des Erdorbits durch Nachrichten-, Wetter- und Spionagesatelliten. Die Segnungen der Satellitentechnik gehören zu unserem Alltag: Wir lassen uns vom GPS-Navigationsgerät den Weg zum Bäcker zeigen, wir sind live dabei, wenn auf Sumatra ein Vulkan ausbricht oder in Bagdad eine Autobombe hochgeht, und wir bestaunen die Bilder des Hubble-Teleskops vom Pferdekopfnebel. Sogar touristische Ausflüge ins All sind schon möglich; der amerikanische Investor Dennis Tito und der südafrikanische Software-Magnat Mark Shuttleworth bezahlten für einen Besuch auf der Raumstation ISS jeweils 20 Millionen Dollar. Und wer im Tod den Sternen nahe sein will, kann seine Asche von der amerikanischen Firma SSI mit einer privat finanzierten Lastenrakete in den Erdorbit schießen lassen, sieben Gramm für 11 000 Euro.

Aber auch die nichtkommerzielle Raumfahrt erobert neue Horizonte. Mit ihrer Huygens-Sonde, die vom Robotergespann Cassini-Huygens abgekoppelt wurde, landete die europäische Weltraumagentur Esa im Januar 2005 auf dem bizarren Saturnmond Titan; kürzlich startete die Rosetta-Mission, deren Ziel die weiche Landung auf einem Kometen ist; das europäische Weltraumteleskop XMM Newton erforscht die Röntgenstrahlung im All und liefert Bilder explodierender Galaxien in Milliarden Lichtjahren Entfernung, und 2007 wird der europäische Satellit Planck den kosmischen Mikrowellenhintergrund – das Echo des Urknalls – mit nie da gewesener Genauigkeit vermessen.

XMM Newton soll von seiner Erdumlaufbahn aus die Röntgenstrahlung von explodierenden Sternen und Schwarzen Löchern einfangen.

Der alte Traum von einer bemannten Mars-Expedition schien jedoch für alle Zeiten zu den Akten gelegt und nur noch eine Angelegenheit einiger rühriger All-Romantiker zu sein. Die Kosten von 100 bis 400 Milliarden Dollar, die beiden Shuttle-Katastrophen und die Fortschritte der Robotertechnik sind zu starke Gegenargumente. Dazu Martin Rees: „Als praktisch denkende Person und als Wissenschaftler sehe ich keinen Anlass, Menschen in den Weltraum zu schicken. Aber als Mensch hoffe ich, dass irgendwann jemand dies Abenteuer wagen wird."

Als Zwischenstation für eine Marsexpedition will die NASA bis zum Jahr 2020 eine Mondbasis errichten.

Wahrscheinlich sind der Expansionsdrang und die Abenteuerlust des Menschen sowieso durch nichts zu bremsen. Denn letztlich, so glaubt der US-Astronom Carl Sagan, ist die Suche des Menschen nach immer neuen Horizonten ein genetisches Erbe der Steinzeit. So wie die Jäger und Sammler sich immer weiter ausbreiteten, werden wir uns ins Universum ausbreiten. „Wenn ein Mensch fliegt, fliegen wir alle!", sagt der deutsche Astronaut Ulrich Walter, der 1993 im Spacelab arbeitete. „Raumfahrt ist die Eroberung des Alls durch die Menschheit, und die Astronauten sind ihre Botschafter."

Angetrieben durch die Wahlen im November und unter dem Zwang, angesichts eines Rekorddefizits von 450 Milliarden Dollar und des Irak-Desasters eine Vision leuchten zu lassen, verkündete US-Präsident George W. Bush Anfang 2004, dass die USA bis zum Jahre 2020 eine bewohnbare Mondstation bauen würden – als Startrampe für eine bemannte Marsmission. Bisher ist zwar nur die Anschubfinanzierung gesichert (ein „Riesensprung in der Planung, aber nur ein kleiner Schritt in der Finanzierung", sagen die Kritiker), und die weiteren, immensen Kosten würde Bush seinen Nachfolgern aufbrummen. Dennoch halten Experten wie Klaus Berge, Projektleiter Raumfahrt beim Deutschen Zentrum für Luft- und Raumfahrt, die Pläne des Präsidenten für machbar: „Um vom Mond zum Mars zu fliegen, reicht die bisher entwickelte Raketentechnik vollkommen aus."

Schon vor einigen Jahren hat die europäische Raumfahrtagentur Esa, in der 15 Länder zusammenarbeiten, das Langzeitprogramm Aurora angeschoben. Fernziel: ebenfalls die Landung von Astronauten auf dem Mars. Im Jahre 2009 soll der Nachfolger des Pannenroboters Beagle 2 dort landen, um nach Spuren von Leben zu suchen. 2011, so die Planung, wird ein Roboterraumschiff auf dem Wüstenplaneten Bodenproben einsammeln und zur Erde bringen. Dieser Flug soll zugleich beweisen, dass eine Rückkehr aus so großer Entfernung möglich ist. Ab 2024 sollen europäische Astronauten zunächst auf dem Mond landen, um dort alles für den Flug zum Mars vorzubereiten.

Aussichtsturm fürs All: Raumfahrttechniker montieren die „Cupola", ein Modul der internationalen Raumstation ISS. Von ihr aus können Außenarbeiten beobachtet und gesteuert werden.

Bei der Esoc in Darmstadt, dem deutschen Ableger der Esa, gehört Markus Landgraf zu dem Wissenschaftlerteam, das seit 2001 die verschiedenen Szenarien der Mission entwirft, prüft, kalkuliert – und oft wieder verwirft.

„Wir haben zwar schon die Technologie für eine Marsmission," sagt er, „aber es ist ein anderes Ding, sie in ein Raumschiff einzubauen." Nicht ganz ohne Stolz vermerkt er, dass die Europäer den Amerikanern bei der Planung weit voraus sind.

2011 will die Esa im Zuge ihres Aurora-Programms eine Sonde mit einem automatischen Labor auf den Mars schicken. Eine Kapsel soll dann Bodenproben zur Erde bringen.

Die Mars-Pläne der Esa und Nasa treffen in Deutschland nur auf milde Begeisterung. Laut einer Umfrage des Magazins „Geo" sind die Deutschen ein einig Volk von Weltraummuffeln: Drei Viertel lehnen eine gemeinsame bemannte Mission der reichen Industrieländer zum Mars ab; 62 Prozent sind der Meinung, das Geld sollte lieber für die Sicherung der Renten eingesetzt werden.

Eroberung des Weltraums gegen Rentensicherung: Wenn zwei dermaßen entfernte Gedankenwelten – wie Materie und Antimaterie – aufeinander prallen, kann nur ein Blick in die Geschichte retten. Hat Kolumbus sich von Bedenkenträgern bremsen lassen?

Und es hilft Geduld: Noch vor 400 Jahren wurden Menschen verbrannt, weil sie auch unter Folter behaupteten, dass die Erde nicht das Zentrum des Universums sei. Warum sollten nicht in weiteren 400 Jahren die Renten gesichert sein und der Mars besiedelt?

Bücher zum Thema

Dirk H. Lorenzen:
Mission: Mars.
©Kosmos Verlag.
Stuttgart 2004

Ulrich Walter:
Zu Hause
im Universum.
©Rowohlt Berlin.
Berlin 2002

Günter Siefarth:
Geschichte der
Raumfahrt.
©C.H. Beck Verlag.
München 2001

Wie die Gestirne den Menschen bewegen

Sind die Lichter am Firmament Schicksalsmächte? Führen sie den Lebensfaden des Individuums? Für die Wissenschaft ist die ASTROLOGIE nur Unsinn. Und doch hält jeder zweite Deutsche es für möglich, dass die Sterne Macht über uns haben, irgendwie. Das Geschäft mit der Himmelsdeutung blüht, wie schon vor Jahrtausenden.

Lange Zeit waren Beobachtung und Deutung himmlischer Phänomene untrennbar miteinander verbunden. Der Holzschnitt aus dem 16. Jahrhundert zeigt zwei Sternenkundler mit einer Armillarsphäre. Das Gerät aus mehreren gegeneinander drehbaren Metallringen diente unter anderem zur Messung von Himmelskoordinaten.

兔
玉奔月喜慶吉祥

Im Reich von Hase und Tiger

Relief an einer Wand im „Tempel der Weißen Wolke“ in Peking: zwei von insgesamt zwölf Tier-Sternzeichen, mit denen die chinesische Astrologie arbeitet. Im Fernen Osten gibt es nicht nur andere Namen, sondern auch andere Deutungsregeln für die Himmelskonstellationen.

Schicksalsbote am Firmament

Ereignisse am Himmel galten schon immer als Wink von oben. Auf dem Bild dieses Wandteppichs aus dem späten 11. Jahrhundert deuten die Astrologen des englischen Königs Harald II. den Halleyschen Kometen als böses Omen. Das Kunstwerk wird im Museum der französischen Stadt Bayeux aufbewahrt.

HAROLD

Glaube und Aberglaube

Dieses Fußbodenmosaik, das die Sternzeichen Fische und Schütze zeigt, lässt sich in der Klosterkirche Notre-Dame bestaunen, die in der südfranzösischen Stadt Ganagobie steht. Die Darstellung stammt aus dem 12. Jahrhundert. Damals war das Verständnis von der Welt noch vollkommen mystisch – erst 500 Jahre später kam die moderne Astronomie auf.

ERTIME

Gestirntes Gewölbe

In den mazedonischen Bergen wurde im 14. Jahrhundert die Klosterkirche von Lesnovo erbaut. An der Decke des byzantinischen Gotteshauses prangt ein Fresko, das Jesus inmitten von Engeln zeigt. Er beherrscht das Firmament und die Sterne – dargestellt durch die damals üblichen Bilder für die Himmelszeichen.

Herrscher über Irdisches

Auch in der frühen Neuzeit noch war das Firmament ein geheimnisvoller Ort. Eine Abbildung aus einem Buch des Jahres 1581 zeigt Saturn, den griechischen Gott des Ackerbaus. Er fährt mit einem Wagen über den Himmel, der von zwei Drachen gezogen wird. Die oberen Ecken des Bildes zieren zwei Sternzeichen: Steinbock und Wassermann.

SATVRNVS.

Tragisches Ende eines mächtigen Mannes

Auf dem Boden liegt Feldherr Albrecht von Wallenstein, ermordet von seinen Feinden, die ihm Verrat vorwarfen. Vor dem Toten steht Seni, einer seiner Astrologen. Angeblich hat der Sternendeuter die Karriere und das Ende des Heerführers vorausgesagt. Die Szene aus dem Jahre 1634 wurde vom deutschen Künstler Karl von Piloty im Jahre 1855 in Öl gemalt.

Partnerschaftsprognose vom TV-Astrologen: Zuschauerin Martina Neugebauer ist ins Studio des schwäbischen Lokalsenders BTV 4U gekommen, um sich von Sternendeuter Alexander Kopitkow endlich den Weg zum vielversprechendsten Mann weisen zu lassen.

Sie sieht gut aus, ist 36 Jahre alt. „Zuverlässig, hilfsbereit, ein Kopf- und Herzmensch", beschreibt sich die Schwäbin, „eben eine typische Jungfrau." Doch mit der Liebe hapert's. Martina Neugebauer fehlt der Mann.

Verehrer gibt es genug. Anfang des Jahres beispielsweise war einer hinter ihr her. Ein Schütze. Martina hat einen Astrologen um Rat gefragt. Angerufen bei BTV 4U, dem lokalen Fernsehsender. Den schaltet sie ab und zu ein, wenn sie nach der Arbeit bei einem großen Autohändler entspannt. „Astrofon" heißt die Sendung, da werden Zuschauer von Experten via Bildschirm oder Hotline beraten.

Der diensthabende Astrologe warnte: Sie solle die Finger von dem Kerl lassen, der binde sich ungern, und treu sei er auch nicht. Die Single-Frau hat auf den Fachmann gehört und dem Werbenden die kalte Schulter gezeigt. Ein paar Wochen später gab es einen neuen Aspiranten, einen Löwen. Anruf bei BTV 4U. Das werde nix, hat der Fernsehprophet wiederum in den Sternen gelesen – und genauso ist es gekommen.

Inzwischen ist Martina Neugebauer persönlich bei Alexander Kopitkow im TV-Studio gewesen und hat wissen wollen, was sie denn insgesamt in Sachen Liebe erwarten könne. Ein Glückskind sei sie, habe sie doch derzeit eine Konstellation „wie Michael Jackson, als er seinen ersten Hit schrieb". Im oder ab Herbst „kommt eine richtige Partnerschaft", hat ihr der Astrologe versichert und dabei tief in ihre grau-grünen Augen geschaut. Beschwingt ist sie heimgefahren. Dass ihr ab nächstem Jahr auch ein Geldsegen ins Haus stehe, hat sie gar nicht mehr richtig gehört.

Auch wenn sie eine Wohnung kaufen wollte oder den Job wechseln müsste, würde sich die Frau aus Essingen, die natürlich die Sternzeichen aller Verwandten und Kollegen kennt, astrologischen Rat holen. Seit neuestem besitzt sie eine CD-Rom für ihren Heimcomputer, mit der sich Horoskope erstellen lassen. Und wenn sie ihre Pflanzen gießt oder zum Friseur geht, richtet sie sich meist nach dem „Mondkalender". „Dann wachsen die Blumen und das Grünzeug super, und die Haare nehmen die Farbe besser an", schwärmt sie.

Martina Neugebauer ist in guter Gesellschaft: Millionen Sternengläubige sind davon überzeugt, dass geheimnisvolle Kräfte von den Gestirnen des Himmels ausgehen und den Lauf alles Irdischen – mehr oder weniger – beeinflussen. Dass Energien aus dem Universum auf komplizierte, aber berechenbare Weise das Leben jedes einzelnen Menschen auf dem Planenten mitgestalten. Ob Liebe oder Karriere, Gesundheit oder Krankheit, Glück oder Pech – die Sterne und ihr Lauf am Firmament, so die Lehre, bestimmen unser Geschick.

Einer Umfrage zufolge, die das Forsa-Institut Anfang August 2004 im Auftrag des „Stern" durchführte, halten 50 Prozent der Deutschen Zusammenhänge zwischen Planetenkonstellationen und Schicksal für möglich, jeder Zehnte ist davon überzeugt. Mehr als die Hälfte aller Bundesbürger liest Horoskope in Zeitungen oder Zeitschriften. Sieben Prozent haben sich bereits ein persönliches Horoskop erstellen lassen. Generell sind Frauen interessierter als Männer – aber immerhin: Auch von denen glaubt jeder Dritte an einen Einfluss der Sterne.

Astrologen stehen in beinahe jedem Branchenbuch, im Internet schwappt dem Suchenden gleich eine ganze Flut von Sternendeutern entgegen. Die Berufsbezeichnung ist nicht geschützt. 6000 „Profis" und eine ungezählte Schar von Freizeitastrologen bedienen den wachsenden Markt. Ein bunter Haufen, dessen Mitglieder sich oft nicht grün sind. Mit dem selbst entwickelten Siegel „Geprüfter Astrologe DAV" will der „Deutsche Astrologen-Verband" (DAV) Seriosität suggerieren und sich gegen die seiner Meinung nach vulgären Konkurrenten abgrenzen. Andere wiederum halten nichts vom Wichtiggetue des DAV. So vergibt etwa „Bild"-Sterndeuter Winfried Noé an die von ihm geschulten Kollegen eine eigene Urkunde.

Zeitschriften, Bücher, PC- und TV-Programme – überall blüht das Geschäft mit den Horoskopen. Fernsehsender verdienen mit Hotlines und Zuschauertelefonen viel Geld; bei BTV 4U etwa rufen während einer einzigen „Astrofon"-Sendung Tausende von Ratsuchenden an. Die wenigsten kommen durch, 49 Cent zahlen muss aber auch, wer nur eine Bandansage hört. „Wir wollen ausbauen und casten derzeit neue Astrologen", sagt Martin Heyne, Produzent bei dem Sender. Wie viel die ganze Astro-Branche umsetzt, wird nirgendwo erhoben. Nach vorsichtigen Schätzungen sind es mehrere hundert Millionen Euro jährlich.

Nichts gibt es, für das der Mensch heute nicht die Sterne befragen könnte. So suchen Arbeitslose mittels himmlischer Konstellationen einen Job, Kranke einen Operationstermin. Partnervermittlungen checken, ob Beziehungswillige astrologisch harmonieren. Auch Sportler wie der ehemalige Schweizer Fußballprofi Alain Sutter

Zeichenkunde für Anfänger

Wie Astrologen mit Hilfe individueller Geburtsdaten ein grafisches Muster entwickeln, aus dem sie Wesensarten und Zukunft des Ratsuchenden lesen

Vor dem feststehenden „Tierkreis" trägt der Astrologe ein, wo die Sonne, die Planeten sowie der Mond zum Zeitpunkt der Geburt des Ratsuchenden standen. Die Position der Sonne bestimmt das „Sternzeichen". Den zwölf möglichen Zeichen werden Charaktereigenschaften für den betreffenden Menschen zugeschrieben. So gilt der „Löwe" als willensstark, der „Fisch" als gefühlvoll und der „Zwilling" als unerschrocken.

Die Stellungen der Planeten und des Mondes vor dem Tierkreiszeichen interpretiert der Sternendeuter anhand äußerst komplizierter Regeln. Nach astrologischer Lesart stehen Merkur, Mars & Co. für bestimmte Eigenschaften, die den betreffenden Menschen je nach Position der Himmelskörper mehr oder weniger stark prägen.

Die Winkel zwischen den Planeten, von den Astrologen „Aspekte" genannt, sollen Auskunft über Harmonien oder Spannungen geben. Für besonders bedeutungsvoll hält der Astrologe den „Aszendenten". So heißt das Tierkreiszeichen, das zum Zeitpunkt der Geburt am östlichen Horizont aufging. Von seiner Position in der Zeichnung ausgehend, teilt der Astrologe den Kreis in zwölf Segmente und nummeriert sie entgegen dem Uhrzeigersinn. Sie werden „Häuser" genannt und stehen für verschiedene Wirk- und Interessenbereiche – Haus 2 etwa für Besitz, Geld, Sicherheit und Selbstwertgefühl, Haus 4 für Herkunft, Eltern und Tradition oder Haus 9 für Weltanschauung und mitmenschlichen Umgang. Diese Zuordnungen können jedoch je nach Schule und Astrologe variieren. Für die weitere Interpretation kommt es darauf an, in welchen Häusern Sonne, Mond und die Planeten in der Zeichnung liegen.

holen sich Himmelshilfe. Und Börsenspekulanten vertrauen auf den Bad Aiblinger Finanzastrologen Uwe Kraus, der einen „Astrotrade-Letter" herausgibt. Sterndeuter berichten, dass sogar Richter zu ihrer Kundschaft zählten. Selbst in der Politik mischten manchmal die Gestirne mit: Staatenlenker wie Ronald Reagan, Boris Jelzin und François Mitterand setzten auf astrologischen Rat.

Für das Handwerk der Himmelskundler ist es wichtig, vor welchem Hintergrund Sonne, Mond und die acht Planeten (die Erde spielt hierbei keine Rolle) zum Zeitpunkt der Geburt eines Menschen standen – in welchem der „Tierkreiszeichen". So werden

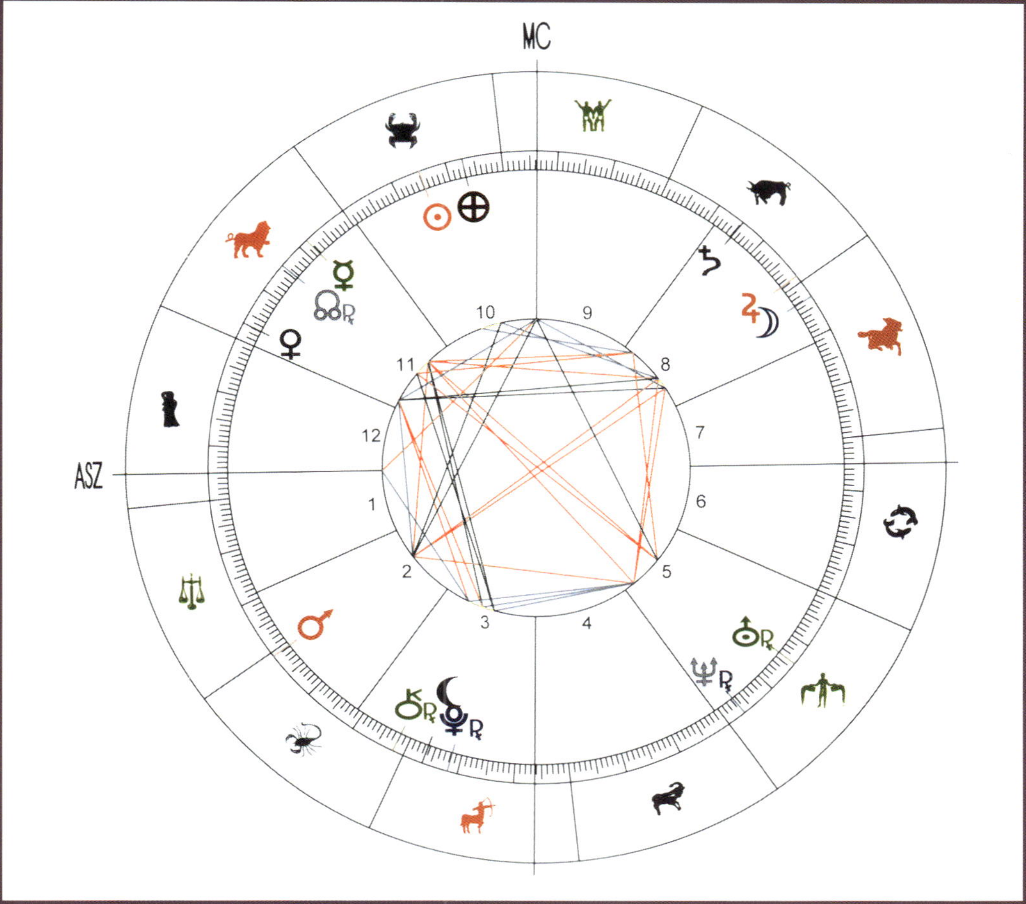

Der äußere Kreis des Horoskops ist der „Tierkreis" mit den entsprechenden Symbolen, in den weiter innen liegenden Kreis werden unter anderem die Zeichen für die Himmelskörper eingetragen, im mittleren Rund die Winkel zwischen den Planeten verzeichnet. Die Buchstaben ASZ markieren den Aszendenten, die Ziffern 1 bis 12 die „Häuser".

zwölf von zahlreichen Fixsternkonstellationen im Universum genannt; sie heißen: „Widder", „Stier", „Zwillinge", „Krebs", „Löwe", „Jungfrau", „Waage", „Skorpion", „Schütze", „Steinbock", „Wassermann" und „Fische". Nur vor diesem Dutzend Sterngebilden wandern die Sonne und ihre Planeten Jahr für Jahr aus der Sicht der Erde immer wieder vorbei. Als „Sternzeichen" eines Menschen definiert die astrologische Lehre das Tierkreiszeichen, in dem die Sonne bei seiner Geburt war.

Mit weiteren Zutaten und mit Hilfe komplizierter Rechnungen – die heute spielend der Computer erledigt – lässt sich eine Grafik konstruieren, das Horoskop (siehe Kasten). Diese Darstellung interpretiert der Astrologe, sucht darin nach Hinweisen auf die körperliche und seelische Verfassung des Ratsuchenden und auf Ereignisse, die großen Einfluss auf dessen Leben haben könnten. Darüber hinaus hat die Sternendeuterei eine Reihe von Techniken ersonnen, dieses Geburtshoroskop für spätere Zeitpunkte im Leben weiterzuentwickeln. Angenommen wird dabei, dass nicht alle Faktoren stets mit derselben Intensität wirken, sondern sich zu gewissen Zeiten verstärken oder abschwächen.

Nicht alle „Schulen" interpretieren gleich, und wie groß die Macht des Himmels über Irdisches sein mag, ist durchaus strittig. Für den einen Astrologen verkünden die Sterne unentrinnbares Schicksal, für den anderen sind sie lediglich Wink und Wegweiser. So sieht sich etwa Experte Winfried Noé am liebsten als „Coach", der mit Hilfe des Horoskops „den Klienten in seinem Bemühen um Selbsterkenntnis" unterstützen will.

Die frühere assyrische Hauptstadt Ninive im heutigen Irak beherbergte einst die astrologische Bibliothek von König Assurbanipal. Hier ein Stadttor des Ortes.

Ihre Ursprünge hat die Astrologie in den frühen Hochkulturen, erkannten unsere Vorfahren doch, dass periodisch wiederkehrende Erscheinungen am Himmel ihnen signalisierten, wann es Zeit zu säen und zu ernten war. Offenbar, so folgerten die Ahnen, hatten die Gestirne Einfluss auf die Natur und damit auch auf den Menschen. So wurde der Himmel zum Wohnort der Götter. In Mesopotamien, dem Land zwischen Euphrat und Tigris, perfektionierten Priester die Sternenbeobachtung und -deutung und bauten sie zu einem komplexen System aus. Mit gedachten Linien wurden die Punkte am Himmel zu markanten Sternbildern verbunden, das erleichterte die Orientierung.

Aus der Zeit um 1500 vor Christus ist der so genannte Babylonische Almanach erhalten geblieben. Er teilt das Sonnenjahr in zwölf Monate zu je 30 Tagen. Und gibt für jeden der 360 Tage an, ob er „günstig", „ungünstig" oder „zur Hälfte günstig" ist. Als der britische Archäologe Austen Henry Layard im Jahre 1847 die Stadt Ninive ausgrub und dabei die Bibliothek des Königs Assurbanipal freilegte, entdeckte er 30 000 tönerne Keilschrifttafeln, auf viele von ihnen waren astrologische Weissagungen geritzt.

Alle zwölf Jahre, bei einer bestimmten Planetenkonstellation, feiern Hindus in Nordindien, dort wo die Flüsse Ganges und Jamuna aufeinander treffen, das heilsversprechende Fest Kumbh Mela. Am 24. Januar 2001 strömten dazu 30 Millionen Menschen herbei.

Bald verbreitete sich dieses Wissen in benachbarte Länder. Ob Ägypter, Griechen oder Römer – jede Kultur fügte Eigenes hinzu. Und manchmal, etwa in China und Indien, entwickelten sich selbstständige Deutungsregeln.

Kaum ein Herrscher wollte mehr ohne Astrologie regieren, kein Arzt ohne sie heilen. Wissenschaftliche Himmelserforschung gab es überhaupt nur, um Astrologie betreiben zu können. So waren beispielweise Nikolaus Kopernikus und Johannes Kepler Astronomen und Astrologen zugleich; Kepler sagte unter anderem dem Feldherrn Wallenstein anhand der Sterne ein großartiges und gefährliches Leben voraus. Erst als im 17. Jahrhundert das Fernrohr erfunden wurde und der Siegeszug der Naturwissenschaften begann, sank die Bedeutung der Himmelsdeuter. Die magische Sicht der Welt wurde langsam überlagert von einer rationalen.

Im 20. Jahrhundert erlebte die Astrologie in Europa eine Renaissance – wohl auch, weil mehr und mehr Menschen der christlichen Religion den Rücken zukehrten. Allerdings musste die verstaubte Lehre den neueren wissenschaftlichen Erkenntnissen angepasst werden, denn 1781 war der Planet Uranus entdeckt worden, 1846 Neptun und 1930 Pluto.

Eine lange Geschichte zahlreicher Prognoseerfolge – so preisen die Astrologen unserer Tage stolz die eigene Profession. Da verweist etwa „Starastrologe" („Bild") Noé auf seine Treffsicherheit,

All-Macht Mond:
Die Anziehungskraft des Erdtrabanten bewegt die Wassermassen auf dem Globus, zweimal täglich gibt es Ebbe und Flut.

sagte er doch 1987 das Auseinanderfallen der Sowjetunion „spätestens in den neunziger Jahren“ voraus, einige Jahre danach den Tod von Lady Di. Kollegin Patricia Bahrani rühmte sich, 2002 Deutschland als Fußball-Vizeweltmeister prophezeit zu haben. Und die Schweizer Prominenten-Sterndeuterin Elizabeth Tessier prahlt: „Eine Untersuchung durch meine Gegner hat ergeben, dass 82 Prozent meiner Vorhersagen richtig sind.“

Weshalb aber Planeten und Sterne dermaßen auf die Bewohner der Erde wirken sollten, kann kein einziger Astrologe erklären. Und viele bemühen sich auch gar nicht erst darum. Noé: „Ich sehe, dass die Sache funktioniert, ich brauche keine Bestätigung von außen.“ Irgendwelche geheimnisvollen, noch unerforschten oder dem menschlichen Verstand unzugänglichen Kräfte, so glauben viele seiner Kollegen, seien am Werk. „Welcher Natur dieser Zusammenhang ist, lässt sich beim heutigen Wissensstand nicht entscheiden“, konstatiert ein Thesenpapier der astrologischen Vereinigungen hierzulande. Allenthalben allerdings gibt es den Verweis auf den Mond. Der zeige doch eindrucksvoll, dass solch eine All-Macht existiere. Schließlich verursache er Ebbe und Flut auf Erden, bewege die Ozeanmassen.

Da halten Physiker dagegen: Zwar sind die Gravitationskräfte, die auf die gigantischen Wassermengen des Globus wirken, enorm – doch auf einen kleinen Menschen heruntergerechnet haben sie praktisch keinen Einfluss. Zumindest nicht mehr als beispielsweise die Massenanziehungskraft, die bei der Geburt von der Hebamme oder dem Gynäkologen ausgeht. Also müssten die den neuen Erdenbürger ebenso beeinflussen wie jegliche Anziehung ferner Himmelskörper.

Im Gegensatz zu den Gelehrten früherer Zeiten, die mit einfachsten Mitteln das Firmament studierten, haben wir heute mit Hilfe modernster Teleskope und Satelliten Planeten und Sterne sehr viel besser erforschen können", sagt der Astrophysiker Jakob Staude vom Heidelberger Max-Planck-Institut für Astronomie. „Weit reichende Wirkung haben nur Gravitation und elektromagnetische Strahlung; daneben gibt es keine mystische Energie, die von Planeten oder Sternen herrührt." Diese beiden Kräfte der Himmelsobjekte „können nie und nimmer die von der Astrologie behaupteten Effekte auslösen", erklärt Staude. Schon im Jahre 1975 veröffentlichten 186 Wissenschaftler, unter ihnen 19 Nobelpreisträger, ein Manifest, in dem sie erklärten, dass es „keine wissenschaftlichen Grundlagen" für die Lehren der Astrologie gibt, die von „Scharlatanen" betrieben würde.

Obwohl sie unter denselben Sternen geboren werden, können sich die Lebensläufe von Zwillingen dramatisch unterscheiden – für Astrologen unerklärlich.

Selbst wenn wirklich etwas dran wäre am Sternedeuten, so argumentieren andere Kritiker, offenbare sich das Gedankengebäude bei näherem Hinsehen als absurd. Warum nämlich sollten dann die Himmelskonstellationen nur zum Zeitpunkt der Geburt Einfluss haben? Warum nicht schon bei der Zeugung? Wieso haben Zwillinge unterschiedliche Lebensläufe? Und warum sollten von den Abermilliarden Sternen des Kosmos ausgerechnet nur jene wirken, die von des Menschen Fantasie zufällig und vollkommen willkürlich zu „Sternbildern" zusammengefasst wurden? Zu Gruppen, die physikalisch nichts verbindet und deren Mitglieder, gigantisch weit voneinander entfernt, in verschiedenen Tiefen des Alls stehen?

Hinzu kommt etwa, dass sich durch die langsame Kreiselbewegung der Erdachse die Sternbilder verschoben haben. Sie befinden sich nicht mehr an dem gleichen Ort wie vor 2000 Jahren, dennoch nutzen viele Astrologen noch heute die alten Konstellationen. Jemand, dem sie beispielsweise das Sternzeichen Krebs zuschreiben, ist in Wirklichkeit mit der Sonne im Sternbild Zwilling geboren. „Das wurde nicht berücksichtigt", sagt Reinhard Wiechoczek, Präsident der Planetariumsgesellschaft Ostwestfalen-Lippe, „obwohl dieses Phänomen schon lange bekannt ist. Es zeigt, auf welcher vorsintflutlichen Grundlage die Lehre steht."

Der Deutsche Gunter Sachs, Jahrgang 1932, ist Autor des Werkes „Die Akte Astrologie". Damit will er beweisen, dass die Sterne Einfluss auf das Leben des Menschen haben.

Aber da gibt es doch „Die Akte Astrologie"! Mit diesem Titel brachte im Oktober 1997 Gunter Sachs, prominenter Ex-Playboy, Industriellenerbe und Fotograf, ein umfangreiches Werk heraus. Untertitel: „Wissenschaftlicher Nachweis eines Zusammenhangs zwischen den Sternzeichen und dem menschlichen Verhalten". Der Band wurde zum Bestseller. Der Autor, der auch Mathematik studierte, hatte dafür mit dem Computer die Geburtsdaten von Millionen Menschen auswerten lassen, von Berufstätigen und Studenten, Kranken und Selbstmördern, Brautpaaren und Geschiedenen, Straftätern und Verkehrssündern. Vor allem aus den Datenbanken der Schweiz bediente er sich, die von allen westlichen Staaten mit Abstand die genauesten Statistiken führt. Untersucht wurde, ob bestimmte Verhaltensweisen bei den Menschen aller Sternzeichen gleich häufig auftreten oder nicht. Sachs fand heraus: In jeder Sparte ergaben sich bei dem einen oder anderen Sternzeichen „signifikante" Abweichungen. So heirateten Wassermann-Männer eindeutig eher Wassermann-Frauen als Stier-Frauen, Waagen begingen häufiger als Stiere Diebstähle, mehr Zwillinge als Skorpione wurden Journalisten.

Sachs ließ sich von Experten der Universität München beraten; sie versicherten, die Studie sei statistisch korrekt. Damit war für den Autor klar, „dass Sternzeichen in allen von uns untersuchten Bereichen einen gewissen Einfluss auf das Verhalten von Menschen ausüben". Doch ein anderer Fachmann, Herbert Basler, ehemaliger Akademischer Direktor am Institut für Angewandte Mathematik und Statistik der Universität Würzburg, weist auf einen grundsätzlichen Denkfehler hin: Aus Signifikanzen kann noch kein ursächlicher Zusammenhang gefolgert werden. Klassisches Beispiel: Wenn die Geburtenrate in einem Lande steigt und gleichzeitig die Storchenpopulation wächst, ist dies noch kein Beweis, dass beides miteinander zu tun hat – es kann eben auch Zufall sein. Zudem entdeckte Basler, dass sich subtile „methodische Fehler" in die Studie eingeschlichen hatten.

Bereits in den 50er Jahren hatte der Schriftsteller Ludwig Reiners die Astrologie einem Härtetest unterzogen. Er schickte einem besonders renommierten Vertreter der Zunft, der Herausgeber einer astrologischen Zeitschrift und Vorsitzender eines astrologischen Vereins war, die Geburtsdaten des Dichters Rainer Maria Rilke (1875–1926) und der Filmschauspielerin Marlene Dietrich (1901–1992) – ohne ihm die Namen zu nennen. Der Experte bescheinigt dem Lyriker starkes kaufmännisches Talent, auch „ärztliche und Apotheker-Kenntnisse". Und aus dem Geburtsdatum der Schauspielerin schloss er, dass sie wohl „periodenweise Arbeit als Sekretärin" verrichtet habe.

Setzten als Staatslenker auf Unterstützung von oben: François Mitterand, Boris Jelzin und Ronald Reagan folgten während ihrer Präsidentschaft auch Ratschlägen von Astrologen.

Immer wieder zum Jahresende überprüft auch die „Gesellschaft zur wissenschaftlichen Untersuchung von Parawissenschaften" (GWUP), was Astrologen in den vergangenen Monaten prophezeiten, und was davon wirklich eingetreten ist. Aus der Rückschau für das Jahr 2003 beispielsweise: Astrologe Kurt Allgeier verkündete im Januar in der Zeitschrift „Neue Revue" das Ende der Ehe von Gerhard Schröder: „Doris packt die Koffer." US-Star Michael Jackson hingegen prophezeite er Großes: „Die Sterne lieben ihn wieder. Comeback in den Hitparaden, Jubel weltweit!" Der Popsänger wurde wegen Kindesmissbrauchs angeklagt. Ziemlich daneben lag auch Astrologin Patricia Schwennhold. Für sie stand ein Attentat auf Joschka Fischer in den Sternen. Zudem weissagte sie, dass die Amerikaner im Frühjahr 2003 Osama bin Laden fänden. Winfried Noé wiederum verkündete, Jürgen W. Möllemann würde „Erfolge als Redner zwischen Mai und November" feiern. Der FDP-Politiker sprang Anfang Juni mit dem Fallschirm in den Tod.

„Wirklich überraschende Treffer landete niemand der zahlreichen Experten, die sich zu Wort gemeldet hatten", sagt GWUP-Mitglied und Mathematiker Michael Kunkel, „wie auch all die Jahre zuvor". Meist legen sich die Sternendeuter nicht konkret fest, sondern orakeln so nebulös, dass sie später schwer zu widerlegen sind. So prophezeite Elizabeth Tessier für jenes Jahr: „Schäden und Unfälle durch Wasser, Skandale in Finanzwelt und Politik, Probleme im Gesundheitswesen, in der Ernährung, bezüglich der Umwelt usw. sind verstärkt möglich."

Dass astrologische Charakteranalysen und Vorhersagen trotz alldem so häufig als zutreffend akzeptiert werden, liege, so die Kritiker, keineswegs an der Macht der Sterne, sondern sei purer Zufall. Und ein psychologisches Phänomen. Eine Mixtur aus Schmeicheleien, Phrasen und Binsenweisheiten, aus denen sich jeder etwas herauspicken kann, lullt den Ratsuchenden ein; oft verrät er unbewusst durch eigene Bemerkungen schon viel – und der Zuhörende muss es nur aufgreifen. Hinzu kommt die wissenschaftlich anmutende Autorität des Astrologen. Überdies sind die den zwölf Sternzeichen zugeordneten Charaktermerkmale inzwischen dermaßen vertraut, dass bereits ihre unterschwellige Kenntnis die Selbstwahrnehmung und auch das Urteil über andere Menschen beeinflussen kann. So sind Erfolge programmiert – wie in der Medizin bei einem Placebo.

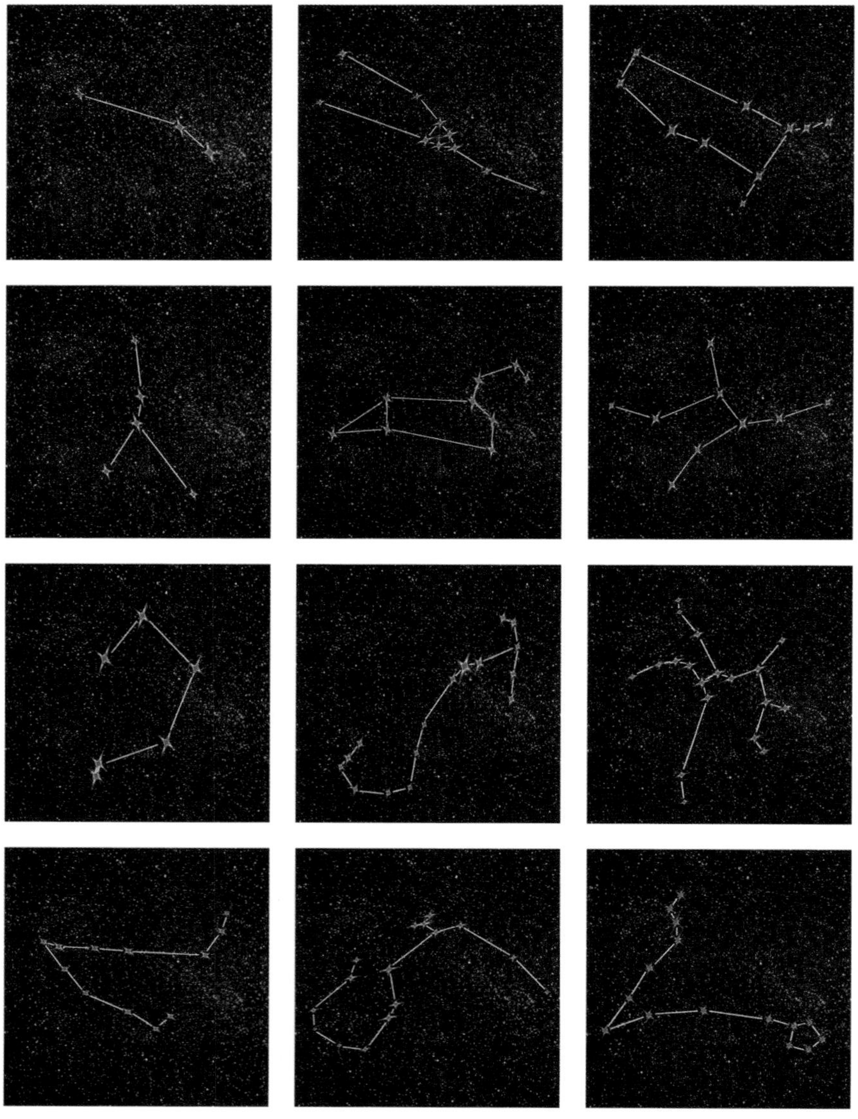

Gedachte Verbindungslinien zwischen Sternen lassen Zeichen entstehen, die als Bilder interpretiert werden. Von links nach rechts und von oben nach unten: Widder, Stier, Zwillinge, Krebs, Löwe, Jungfrau, Waage, Skorpion, Schütze, Steinbock, Wassermann und Fische.

Überdeutlich belegt das ein Experiment, das Redakteure des WDR-Fernsehmagazins „Quarks & Co“ machten. Getarnt als „Eclipse-Astro-Forschungsgruppe“ boten sie Menschen in einem Inserat kostenlos ein persönliches Horoskop an. Mehr als 200 Interessenten sandten daraufhin ihre Geburtsdaten. Doch statt individueller Horoskope bekamen sie alle das gleiche. Anhand eines Fragebogens sollten die Adressaten mitteilen, ob sie sich in der Analyse wiedererkennen würden. Der Rücklauf erstaunte die Fernsehleute: 76 Prozent antworteten mit: „Ja, mein Charakter wird gut beschrieben“, 15 Prozent sogar mit „Perfekt, es stimmt alles.“ Das gleichlautende Horoskop, das alle erhalten hatten, war das des Hannoveraner Massenmörders Fritz Haarmann, der zwei Dutzend junge Männer bestialisch ermordet hatte und 1925 hingerichtet wurde.

Im Horoskop des Massenmörders Fritz Haarmann wollten sich hunderte von Normalbürgern wiedererkannt haben – ein überzeugender Beleg dafür, dass astrologische Persönlichkeitsbilder wertlos sind.

Trotz alledem: „Der Wille, der Astrologie zu vertrauen, ist ungebändigt“, sagt Reinhard Wiechoczek. In Schulen und auf Veranstaltungen stellt er immer wieder fest, wie resistent die Sternengläubigen gegen wissenschaftliche Logik sind. Vielleicht liegt es daran, meint er, dass der Mensch einfach Magie zum Leben braucht. Offenbar wende sich die Astrologie an ein Gefühl, das wohl in den meisten Menschen schlummert: die Sehnsucht, von etwas Großem geleitet zu werden und von diesem Mächtigen Tipps und Winks für das eigene, kleine Leben zu bekommen. „In Ermangelung der endgültigen Erklärbarkeit dieser Welt bleibt es wohl niemandem erspart, an etwas zu glauben“, sagt Wiechoczek. „Aber muss es denn solch eine widersinnige Interpretation des Kosmos sein?“

Natürlich habe das Universum Einfluss auf das Geschick der Erde. „Durch einen Stern namens Sonne und seine Wärme ist Leben auf dem Planet Erde überhaupt erst möglich geworden. Und nur dank der Sterne, der Brutstätten für alles, gibt es die Materie, aus der wir bestehen. Wir sind nichts als Sternenstaub. Das ist doch fantastisch!“

Register

Bildnachweis

Der Verlag hat sich nach Kräften bemüht, alle Inhaber von Bildrechten ausfindig zu machen. Für versehentlich nicht oder falsch angegebene Quellen bitten wir bereits im Voraus um Entschuldigung. Die Rechtehalter werden gebeten, mit dem Weltbild Buchverlag Kontakt aufzunehmen (Adresse siehe Impressum auf Seite 4). Selbstverständlich sind wir gerne zu einer Nachhonorierung bereit. Den Bildnachweis werden wir in späteren Auflagen des Buches entsprechend korrigieren.

Abkürzungen: o = oben, m = Mitte, u = unten, l = links, r = rechts

Umschlagvorderseite: Nasa/AFP
6/7: Ken Eward/National Geographic Image Collection; PLI/SPL/Agentur Focus; SPL/Agentur Focus
8/9: Ken Eward/National Geographic Image Collection
11: dpa
12/13: Nasa/AFP
14/15: Science Photo Library/Agentur Focus
16/17: Gamma
18/19: Pirl/University of Arizona
20/21: Nasa/AP
21 ul: Nasa/dpa
21 ur: dpa
22/23: Nasa/AFP
24/25: HST
26/27: Shigemi Numazawa/Astrofoto
27 or: Nasa/AP
28: akg-images
29: Nasa/IPI/Caltech/ddp
30: W. T. Sullivan III & Hansen Planetarium/Science Photo Library/Agentur Focus
31: Photodisc
33: Berthold Steinhilber/Bilderberg
34/35: Sebastian Willnow/ddp
36/37: picture-alliance/KPA/Francolini, Andrea
38/39: Brand X Pictures
40/41: Roger Ressmeyer/Corbis
42/43: picture-alliance/dpa
44/45: picture-alliance/akg-images
46 ul: (Pyramiden): actionpress
46 ul: (Sonnengott): Interfoto/Karger-Decker
46 ur: akg-images
47 ul: actionpress
47 ur: (Tempel): Photonica
48 ul:(Pythagoras): picture-alliance/akg-images
48 ul: (Aristoteles): picture-alliance/akg-images
48 ur: (Ptolemäus): picture-alliance/akg-images
48 ur (Buch): Bibliothèque Nationale de France
49 or: akg-images
49 ul: (Kopernikus): picture-alliance/akg-images
49 ul: (Brahe): picture-alliance/dpa
49 ur: (Kalender): Bibliothèque Nationale de France
49 ur: (Bruno): picture-alliance/dpa
50 ul: (Kepler): picture-alliance/dpa
50 ul: (Sonne): www.iliblio.org
50 ur: (Galilei): Johann Brandste/akg-images
50 ur: (Newton): Erich Lessing/akg-images
51: picture-alliance/akg-images/Erich Lessing
52: picture-alliance/akg-images
53: picture-alliance/akg-images
54: Interfoto
55: picture-alliance/akg-images
56: akg-images
57: Science Photo Library/Agentur Focus
58: Nasa Marshall Space Flight Center
59: Vom jeweiligen Verlag
61: JPL/Nasa/ddp
62/63: Gamma/Royal Swedish Academy of Science
64: Detlev van Ravenswaay/Science Photo Library/Agentur Focus
65: Nasa/Science Photo Library/Agentur Focus
66/67: Nasa Jet Propulsion Laboratory
68/69: Nasa/Gamma
70/71: Nasa Jet Propulsion Laboratory
72/73: Nasa/Science Photo Library/Agentur Focus
74/75: Nasa/Science Photo Library/Agentur Focus
76/77: Nasa/ddp
78/79: Nasa (alle)
81: University of Colorado/NASA
82/83: Nasa Jet Propulsion Laboratory
83 ur: Nasa Jet Propulsion Laboratory
84: Nasa/JPL/University of Arizona
85: Photodisc
86: Nasa Jet Propulsion Laboratory
87: Esa/DLR/FU Berlin (G. Neukum)
88: Esa/NASA/JPL/University of Arizona
89: Nasa/JPL/Space Science Institute
90: Nasa/JPL
91: Esa/NASA/JPL/University of Arizona
92: Vom jeweiligen Verlag
93: ProjectPhoto
95: NOAO/Science Photo Library/Agentur Focus
96/97: David Nunuk/Science Photo Library/Agentur Focus
98/99: AFP/Esa/Nasa
100/101: Gamma/UPI
102/103: Gamma
104/105: European Southern Observatory/Science Photo Library
106/107: Nasa/Esa-ACS Science Team
108/109: Space Telescope Science Institute/Nasa/Science Photo Library/Agentur Focus
110/111: J-C Cuillandre/Canada-France-Hawaii Telescope/Science Photo Library/Agentur Focus
112/113: NOAO/AURA/NSF/Science Photo Library/Agentur Focus
114: Nasa Marshall Space Flight Center
116: Esa/Nasa, ESO and Danny LaCrue
117: Esa/Nasa/STScl/AURA
120: U. Hwang/CXC/GSFC/Nasa
121: ESA 2002/Medialab
122: Stewart Cohen
123: Vom jeweiligen Verlag
125: David Parker/Science Photo Library/Agentur Focus
126/127: Dr Seth Shostak/Science Photo Library/Agentur Focus
128/129: Paul Chinn/San Francisco Chronicle/Corbis
130/131: picture-alliance/dpa
132/133: Eckhard Slawik/Science Photo Library/Agentur Focus
134/135: Chris Butler/Science Photo Library/Agentur Focus
136/137: European Space Agency/Science Photo Library/Agentur Focus
138/139: Paul Rapson/Science Photo Library/Agentur Focus
140/141: Dr Seth Shostak/Science Photo Library/Agentur Focus
142: SETI Institute
143: Nasa/JPL/Caltech
144 om: Cinetext Bildarchiv
144 ul: Waltraud Grubitzsch/picture-alliance/ZB
145: Cinetext Bildarchiv (alle)
147: Seth Shostak/SETI Institute
148: Nasa Jet Propulsion Laboratory
149: OAR/National Undersea Research Program (NURP); College of William & Mary
150: Photodisc
151: Dr Seth Shostak/Science Photo Library/Agentur Focus
152: picture-alliance/dpa
153: Vom jeweiligen Verlag
155: Nasa
156: Nasa/Science Photo Library/Agentur Focus
157: Nasa/Science Photo Library/Agentur Focus
158/159: InterNetwork Media/Photodisc Grün/Getty Images/Avenue Images
160/161: Nasa/Science Photo Library/Agentur Focus
162/163: PIXTAL/Avenue Images
164/165: Nasa/Science Photo Library/Agentur Focus
166/167: Esa/AOES Medialab
168: picture-alliance/dpa
169: Nasa
172: Nasa Ames Research Center
173: Nasa Kennedy Space Center
174: David Ducros/Science Photo Library/Agentur Focus
175: Nasa/ddp
176: Martin Specht/Agentur Focus
177 o: Esa
177 u: Kasten: Vom jeweiligen Verlag
179: akg-images
180/181: picture-alliance/Godong
182/183: picture-alliance/akg-images
184/185: picture-alliance/akg-images/Jean-Paul Dumontier
186/187: picture-alliance/akg-images/Erich Lessing
188/189: picture-alliance/akg-images
190/191: picture-alliance/akg-images
192: Rainer Kwiotek/Zeitenspiegel
195: © AstroWorld Int./Astrofoto
196: picture-alliance/dpa
197: Rex Features Ltd./actionpress
198: Fond Collection
199: MEV
200: Frenzel/face to face
201 l: Marco Urban
201 m: Marco Urban
201 r: Everett Collection/Picture Press
202: Astrofoto
203: picture-alliance/akg-images

Über die Autoren

HORST GÜNTHEROTH
studierte Mathematik und Physik und promovierte in theoretischer Physik über ein Problem der Quantenmechanik. Als freier journalistischer Mitarbeiter schrieb er u. a. für „Die Zeit", „Frankfurter Rundschau" und „Bild der Wissenschaft". Seit 1981 ist er Redakteur beim Hamburger Magazin „Stern" im Ressort „Wissenschaft und Medizin". Dort publizierte er zahlreiche Artikel über Astrophysik. Güntheroth wurde mit mehreren Preisen ausgezeichnet. Er ist Autor der Bücher „Die Nordsee – Portrait eines bedrohten Meeres" und „Deutschland, deine Forscher".

PETER PURSCHE
arbeitete nach seinem Studium für das Lehramt als Redakteur, Textchef und Autor für „Brigitte". Als freier journalistischer Mitarbeiter schrieb er u. a. für „GEO", „Stern" und „Frankfurter Rundschau". 1990 entwickelte er mit Kollegen das „Magazin der Süddeutschen Zeitung" und war drei Jahre lang dessen stellvertretender Chefredakteur. Als Drehbuchautor schrieb er Krimis, Serien und Fernsehspiele. Seit 1999 ist er beim Hamburger Magazin „Stern" und war dort u. a. Textchef und Ressortleiter Kultur. Als Autor des Blattes und Redaktionsleiter des Magazins „Stern Biografie" schreibt er heute Reportagen und Serien.